图解新猫养护

CAT CAT

灌木文化 编著

U0258007

人民邮电出版社
北京

图书在版编目（CIP）数据

图解新猫养护 / 灌木文化编著. -- 北京 : 人民邮电出版社, 2022.4
ISBN 978-7-115-58288-1

Ⅰ. ①图… Ⅱ. ①灌… Ⅲ. ①猫－驯养－图解 Ⅳ. ①S829.3-64

中国版本图书馆CIP数据核字(2021)第259540号

内 容 提 要

这本书是为了使新手宠物主人做好充足的知识储备迎接猫咪，避免遇到问题时手忙脚乱，和猫咪的生活有一个好的开始而诞生的。

本书共4部分内容，按照时间顺序，分阶段、分主题地解决新手养宠难题。第1章，不容忽视的准备期，让读者提前知道饲养一只宠物可能遇到的大部分问题，以及该做好哪些准备，迎接新的“家人”的到来；第2章，猫咪初到新家和喂养要点，从猫砂的使用、猫咪饮食健康等方面，让主人不慌不忙解决好猫咪基础生存问题；第3章，了解猫咪的习性和行为，通过介绍猫咪行为学知识，让主人和猫咪逐步建立情感联系；第4章，猫咪的日常清洁和护理，帮助新手宠物主人解决给猫咪清洁的大难题。

本书适合喜爱猫咪的朋友，以及即将成为猫咪主人的读者阅读。

◆ 编　　著　灌木文化
责任编辑　魏夏莹
责任印制　周昇亮
◆ 人民邮电出版社出版发行　　北京市丰台区成寿寺路 11 号
邮编　100164　　电子邮件　315@ptpress.com.cn
网址　https://www.ptpress.com.cn
北京印匠彩色印刷有限公司印刷
◆ 开本：787×1092　1/20
印张：6.8　　　　2022 年 4 月第 1 版
字数：171 千字　　　　2022 年 4 月北京第 1 次印刷

定价：59.80 元

读者服务热线：(010)81055296　印装质量热线：(010)81055316
反盗版热线：(010)81055315
广告经营许可证：京东市监广登字 20170147 号

目录

第 3 章 了解猫咪的习性和行为

第 4 章 猫咪的日常清洁和护理

第1章 不容忽视的准备期

什么样的猫咪适合你

选择公猫还是母猫

公猫精力旺盛，体型比母猫要稍大一些，性格相对更加外向活泼，绝育后公猫性格会变得温驯一些。

大部分的母猫都比较敏感，对周围发生的事情都充满好奇心。从性格上来看，母猫会更加亲近主人，平时相对比较安静、乖巧、爱撒娇。

不管选择什么性别的猫咪都需要用心地呵护它们。

● 公母的分辨

成年公猫的肛门稍下方有个圆圆的小突起，突起的下方是它的生殖器。睾丸就在肛门和生殖器之间，将两者分隔开来。公猫的肛门和生殖器比母猫的肛门和生殖器之间的间距要大一些。一般公猫肛门和生殖器之间的间距为 2 厘米，母猫肛门和生殖器之间的间距则是 1~1.5 厘米。

母猫的肛门下方就是生殖器，看起来像一个没有长毛的咖啡豆。

总之，肛门和生殖器间距大的是公猫，间距小的则是母猫。

观察幼猫的性别会比观察成年猫的性别更困难一些。

选择幼猫还是成年猫

幼猫一般在12周大的时候就可以被领养了。由于会接触到新环境，幼猫可能会有些不适应，主人必须要多抽时间去陪伴幼猫，以此来培养和猫咪的信任、亲密关系。

收养一只成年猫的好处是不需要主人过多地陪伴和操心，因为它们已经形成了固定的饮食和排泄习惯，不需要教导，但也因其已经形成固定习惯，即使主人不喜欢它的一些行为，也可能很难让其改正过来。

常见家养猫咪品种介绍

19 世纪晚期，人们开始热衷于猫咪的繁育。建立猫咪品种的注册登记机构来设定品种的认定标准并对纯种猫的信息进行存档，截至目前已存档的纯种猫的品种超过了 100 种。

一般会通过猫咪的体形、头形、眼睛形状和颜色、被毛颜色和纹理、习性，或有无毛发、是否为短尾、是否折耳等具有代表性的特征来划分品种。

随着时代的发展，现代人会用不同品种的猫咪来培育具有新颖特征的猫咪，例如无毛猫和卷耳猫等。现在大多数的家猫都是由不同品种的猫咪繁育而来，并没有固定的品种特征。本节介绍一些常见家猫品种。

家猫有许多与野猫一样的习性，例如经常伸展肢体，以此保持肌肉的灵活性，便于追捕猎物或避开危险。

短毛猫

● 异国短毛猫

20 世纪 60 年代，美国短毛猫爱好者将美国短毛猫与波斯猫交配，从而繁育出这种既具有美国短毛猫的被毛，又具有波斯猫体态的异国短毛猫。这一品种在 1967 年得到美国爱猫者协会的认可。

异国短毛猫头部大且圆，面部较为扁平，眼睛大且凸出，四肢短小但健壮有力，被毛较为浓密，性情兼具温驯与活泼好动，好奇心强烈，叫声轻柔而短促。目前不同的异国短毛猫有各种不同颜色、花纹的被毛，褐色、棕色较为常见。

● 泰国科拉特猫

泰国科拉特猫是较为古老的猫咪品种之一。泰国古老的典籍记载，泰国科拉特猫毛发光滑，毛尖像云朵一样蓝，毛根像白银一样白，眼睛像莲花瓣上的露珠一样明亮。为了保持科拉特猫独特的外貌特征，其繁育机构都非常谨慎，因此科拉特猫非常稀少。

科拉特猫面部呈心形，头盖骨较平，眼睛呈橄榄绿色，身体健壮，被毛细密但没有绒毛，性情活泼且有主见。它的感觉十分灵敏，突然产生的声音和突然的触摸都会惊吓到它。目前泰国科拉特猫只有蓝色这一种毛发颜色。

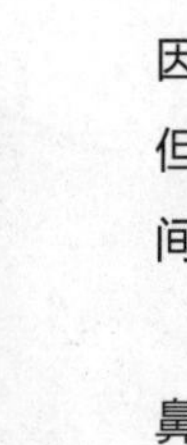

● 中国狸花猫

中国狸花猫并非人工培育的品种，而是由自然界驯化而来。因此通常它们的免疫力和抗病能力都非常强，喂养起来较为方便，但其仍保留了野外生活时需要捕猎和大范围活动的基因，对于空间窄小的房屋较为排斥。

狸花猫头部圆润且脸颊宽大，眼睛有黄色、金色等不同颜色，鼻头呈砖红色，身材健硕且胸腔宽阔，性情活泼但并不黏人，与主人关系看似不够密切，实则对主人非常忠实友好。其身体大部分的毛发为黑灰相间的条纹。

● 英国短毛猫

英国短毛猫脸部圆润饱满，眼睛以古铜色和金色为主，四肢粗壮、短小，毛发浓密且紧贴皮肤，对于阻挡严寒和潮湿的侵袭极为有效。其性格友善温驯，擅长自我保护。目前存在各种颜色和花纹的英国短毛猫，既有单色的也有混色的，花纹也不固定。

● 美国短毛猫

美国短毛猫最初作为捕鼠帮手而存在，直到 20 世纪初，人们开始对这些家猫进行品种改良，使其具有更多优点，并培育出由家猫与英国短毛猫杂交的新品种，即美国短毛猫。

美国短毛猫脸部呈椭圆形，眼角略微上翘，体型健壮，毛发粗短质硬，性情随和，虽不愿与同类交往但对主人异常忠诚。目前存在各种不同颜色的美国短毛猫，大部分为单色，少数会出现小面积的混色或杂色，但没有大面积的图案。

● 俄罗斯蓝猫

俄罗斯蓝猫最初被称为阿契安吉蓝猫，而后又被叫作马耳他猫，直到 20 世纪 40 年代才将名称确定为俄罗斯蓝猫。

俄罗斯蓝猫头部呈楔形，眼睛为翡翠绿色，耳朵大而尖，四肢修长且骨节突出，被毛为光滑厚实的蓝色，泛银色光泽，使猫咪身体蒙上一层闪亮而独特的光泽。俄罗斯蓝猫性情文雅羞涩，叫声很小，相比于室外，更喜欢室内环境。虽然近年来有人培育出黑色和白色的品种，但并未引起太多人注意，因此也愈发少见。

● 暹罗猫

暹罗猫起源于亚洲，19 世纪后期进入西方国家后便成为最受欢迎的短毛猫之一。

暹罗猫头部呈楔形，眼睛为蓝宝石颜色且眼角上翘，耳朵较大，身材和四肢均修长而苗条，被毛短且纤柔，性情奔放，喜欢与人类接触，但善妒，无法容忍主人宠爱其他猫咪，叫声尖利，有时会让人感觉聒噪。暹罗猫的毛色一般为浅色，并带有深色的花纹，暹罗猫有几种典型的颜色。

无毛猫

斯芬克司猫

无毛猫并不是真的一点毛发都没有，只是没有较长的芒毛，只有短小的绒毛，因与其他品种的猫咪相比毛发不明显而得名。

斯芬克司猫也叫加拿大无毛猫，是无毛猫中最知名、最成功的品种之一，它最早出现在 1966 年，但并未成功繁育。1978 年再次出现并顺利繁殖了后代。

斯芬克司猫有着楔形头部和大大的耳朵，四肢细长且健壮有力，独特的外观与埃及的斯芬克司雕像十分相似，也因此得名。斯芬克司猫亲近人类但不喜欢被搂抱，且由于缺少毛发，需要每天清理身上的油脂并适合待在温度较为恒定的室内。

● 顿斯科伊猫

顿斯科伊猫来自俄罗斯，同样是罕见的无毛猫，顿斯科伊猫和斯芬克司猫完全没有任何基因联系，两者相比，顿斯科伊猫面部褶皱更多，嘴巴两侧有着明显的细长胡须，耳朵也没有斯芬克司猫那么外扩。

顿斯科伊猫有一个十分奇特的生理现象：在寒冷的冬天它会长出一些略长的毛发，天气回暖这些毛发又会脱落。这应该是进化过程中所保留下来的更有利于生存的遗传基因的作用。

● 彼得无毛猫

彼得无毛猫的脸比顿斯科伊猫更小且更像三角形，眼睛更为细长且眼尾上翘，躯干和四肢更为纤瘦，胡须和体毛也较为明显，身体皮肤的褶皱相对较少。

幼年彼得无毛猫一般是有明显毛发的，在生长到1~2 个月时，毛发会逐渐脱落，彼得无毛猫变为无毛状态。

长毛猫

● 波斯猫

波斯猫头部圆而宽大，小小的耳朵有时甚至被毛发掩盖，鼻子短，面部扁平，四肢粗短，躯干滚圆。目前有各种单色、混合色和花纹毛发的品种，其眼睛颜色也有多种，甚至同一只猫咪的两只眼睛会呈现出不同颜色。波斯猫性情温和，喜欢与人亲近，也能与其他同类猫咪和平相处，但对待有敌意的入侵者却毫不退让。照顾波斯猫需要有很多的耐心，必须每天梳理其长长的毛发，还要保持居室的清洁。

● 布偶猫

布偶猫最早出现于20世纪60年代的美国加利福尼亚州，是由两只不同品种的长毛猫杂交培育而来的。

布偶猫头部呈楔形，眼睛呈蓝色的椭圆形，体型较大，毛发厚重光滑且不像波斯猫的毛发那样容易结成一团，因此比较容易打理。布偶猫性情温和，被抚摸时身体会变得松软，非常喜欢与孩童玩耍，但通常不愿进行较为剧烈的活动和游戏。目前培育出的品种中以海豹色、巧克力色、蓝色为主，通常被分为双色、重点色、梵色和手套色 4 种类型。

● 缅因猫

缅因猫头部较长且脖颈粗壮，眼睛多为金色或古铜色，身材较为高大，后背与腹部的毛发浓密光滑但前胸毛发较短，叫声如同鸟叫声带有轻快动听的颤音。虽然它性情温和，喜欢与人相伴，但保留了习惯生活在农场或户外的基因，相比于室内，它更愿意在花园和庭院中活动、休息，极具独立生活的能力，即便主人外出一段时间也能很好地照顾自己。

● 巴厘猫

巴厘猫的第一位培育者认为其形体如巴厘岛的舞蹈家般优美，因而赋予它“巴厘猫”的名字。

巴厘猫外形上保留了暹罗猫的特征，尤其是楔形的头部和灵动的蓝色眼睛，如果没有留意身体其他部分就很容易将两者混淆。相对其他长毛猫而言，它身体上的毛发长度只能达到中等标准，且没有颈毛，但尾巴上有着长而浓密的毛发，这成为它与暹罗猫最大的区别特征。巴厘猫的性格也与暹罗猫类似，活泼好动且擅长做出富有技巧性的动作，热衷于表现来吸引主人的注意。

● 西伯利亚森林猫

西伯利亚森林猫起源于俄罗斯东部的西伯利亚地区，属于自然进化而来的品种，甚至被认为是所有长毛猫的祖先。

西伯利亚森林猫的被毛长而浓密、厚且硬实，外层略显油性，适应西伯利亚严寒的天气，可以更好地抵御雨雪冲刷。西伯利亚森林猫体型较大且强壮有力，机敏活跃，非常适合野外生活，而且乐于与其他猫咪群居。

● 土耳其梵猫

土耳其梵猫来源于土耳其的梵湖地区，可能是由当地的安哥拉猫基因突变而产生的。其最突出的特点便是独特的头部花纹，通常在头顶的额头上方与耳朵根部的位置形成了火焰状的纹路，被称为“梵纹”。

土耳其梵猫头部为扁平的楔形，毛发长而顺滑，较容易打理，尾巴几乎与身体等长，还十分喜欢在天气较热时以游泳来散热和降低体温。其特殊的毛发结构令它能够迅速将水分甩干。虽然土耳其梵猫已经繁育出了多种颜色，但只有白色带红褐色花纹与白色带乳黄色花纹的品种得到了爱猫协会或机构的认可。

短尾猫

● 日本短尾猫

日本短尾猫的历史可以追溯至 18 世纪甚至更早，这一品种可能是由中国带去的猫咪产下了发生基因突变的幼仔而形成的。这种猫咪很快受到日本民众的喜爱，被视为幸运和能招财的象征。

日本短尾猫的头部似三角形，椭圆形的眼睛略微上翘，尾巴长度在 8~10 厘米之间，活动时尾巴直立，休憩时尾巴紧贴身体。日本短尾猫生性活泼，喜欢热闹和恶作剧，对危险十分警觉。日本短尾猫分为短毛和长毛两种，其中长毛日本短尾猫应该是由被带到日本北部的短毛日本短尾猫为适应当地的极寒气候而进化出来的。

● 马恩岛猫

马恩岛猫最显著的特征是无尾或短尾，但马恩岛猫仍能产下正常尾猫咪。这种无尾的基因严格意义上来说属于一种突变的缺陷基因，如果两只无尾马恩岛猫交配，其后代可能患马恩岛综合征，导致小猫死于腹中或早夭。

马恩岛猫后腿长于前腿，致使它常采用跳跃式的走路方式，如同兔子，但由于其具有特殊的短脊椎结构，增加了后天患病的可能性。无论如何，这种猫咪都是马恩岛的特色，其形象甚至被刻在当地流通的硬币上，作为马恩岛的象征。

卷毛猫

● 拉波猫

拉波猫最早起源于 1982 年，在美国俄勒冈州一个农场的一窝新生小猫仔中出现了一只几乎无毛的小猫，两个月后却长出了柔软而卷曲的被毛，而后它又繁殖出了更多具有卷毛特征的后代。这说明这种基因是显性的，不需要特定的培育便能保留下来。

拉波猫具有长毛和短毛两种类型，长毛拉波猫毛发卷曲的程度更为明显，遗传自农场猫咪的基因使其活泼好动且善于捕猎，对各种事物都有着强烈的好奇心，但其在主人面前更乐于展现温和顺从的一面。

● 赛尔凯克卷毛猫

据说赛尔凯克卷毛猫最早出现于美国，一窝猫咪幼仔中有一只小猫的被毛、胡须和耳部饰毛都呈卷曲状。这只卷毛猫后来与长毛猫交配，产下的 6 只小猫中有 3 只表现出了卷毛特征，且这 3 只小猫还分别出现了长毛和短毛的特征。

赛尔凯克卷毛猫出生时就带有卷曲的毛发，但 6 个月左右时会全部脱落，直到 8~10 个月时重新长出卷曲被毛，连胡须都是卷曲的。赛尔凯克卷毛猫也有短毛类型。

● 柯尼斯卷毛猫

柯尼斯卷毛猫最大的特征在于其规律卷曲的被毛，纹路类似折纸般的波浪状，大大的耳朵和小小的头部形成呆萌的反差，修长的颈部、纤细的四肢和流线型的身材，使其呈现出独特的滑稽感，加之它性情活泼、热爱游戏，成为许多娱乐节目的常客，在家中也乐于扮演“杂技演员”的角色，愿意使出浑身解数让主人开心和欢乐。

● 德文卷毛猫

1960 年，英国德文郡的一只家养猫咪与野生的卷毛猫交配后生下一只具有卷毛特征的幼猫。开始人们都认为这是柯尼斯卷毛猫的一个品种，但后来经证实两者具有完全不同的基因，从而将这一新品种以其出生地而命名为德文卷毛猫。

与柯尼斯卷毛猫相比，德文卷毛猫的下巴更短、耳朵更大且末端更尖。柯尼斯卷毛猫的毛发只有绒毛和护毛，德文卷毛猫则多了表层的芒毛，因此毛发更为卷曲，但两者都不宜在户外或寒冷潮湿的环境中活动。另外，德文卷毛猫只有采用近亲交配的方式才能延续卷毛基因，但这也极易产生遗传病，从而增加幼猫死亡的风险。

卷耳猫

美国卷耳猫

美国卷耳猫源于美国加利福尼亚州。黑色长毛小猫出现了基因突变，并产下了带有卷耳特征的猫咪，且卷耳猫的数量占产下小猫总数量的 1/2，说明这一基因为显性。之后人们对这些卷耳小猫进行了定向培育，从而将卷耳特征永久性地保留了下来。

美国卷耳猫的耳朵都向后弯曲，耳尖朝向中间，但每只猫咪的耳朵的弯曲程度都有所不同，有的只是微微后弯，有的则能完全弯曲。在培育过程中美国卷耳猫发展出了长毛和短毛两种类型，不论是哪一种，都十分安静友好，配合它们奇特的耳朵，俘获了爱猫人士的心。

如何领猫回家

途径1：收养流浪猫

有很多人从一开始并没有养猫的打算，只是因为捡到了猫咪才去饲养。所以为了我们日后能与它更好地相处，就来了解一些关于它的知识吧！

流浪猫看似健康，但可能患有各种疾病。因此，一旦捡到流浪猫，应先带它们去宠物医院检查。另外还需要注意以下几点。

● 驱除寄生虫

猫的被毛中会藏有跳蚤、蜱螨，耳朵中可能长有耳螨，腹中可能会有蛔虫等。这些寄生虫都会危害猫咪的健康，而一旦寄生虫在家中繁殖，人们通常也要遭罪。这种情况下，我们可以采用在猫咪脖子后滴药和使猫咪口服药物的方式对猫咪进行体外和体内驱虫。

● 传染病检查

在已经养了猫的情况下，检查新捡来的流浪猫是否患有传染病更是必不可少的步骤。如果捡来的猫咪患有严重的传染病，那么将其和已养的猫咪饲养在一个房间内可能会感染已养的猫咪。如果没有其他的猫咪，则可等到安顿好后再去检查。

● 健康诊断

判断猫咪的健康情况：看它是否受伤、身体状况如何、是否患有先天性疾病，必要时需要给猫咪输营养液或者打点滴。如果猫咪患有重病或者受伤，应咨询医生。

● 年龄推断

幼猫根据所处时期不同，需要喂奶、断奶，或者喂食专用猫粮等。主人应向医生咨询如何喂养、照料小猫。成年猫也是一样，对它进行健康管理需要进行一定程度的年龄推断。

● 捡到被遗弃的幼猫时

对于刚出生不久的幼猫，需要每隔几小时喂奶，并帮助其排泄。对于需要工作的人来说，可能很难及时照料幼猫，因此把幼猫送到宠物医院托管是一个好办法，亦可以向附近的猫咪协会寻求帮助。

当决定在家照料幼猫时，应向宠物医生咨询幼猫的喂奶方法和帮助其排泄的方法。从宠物商店购买幼猫专用奶，使用喂养瓶或喂养器进行喂养。

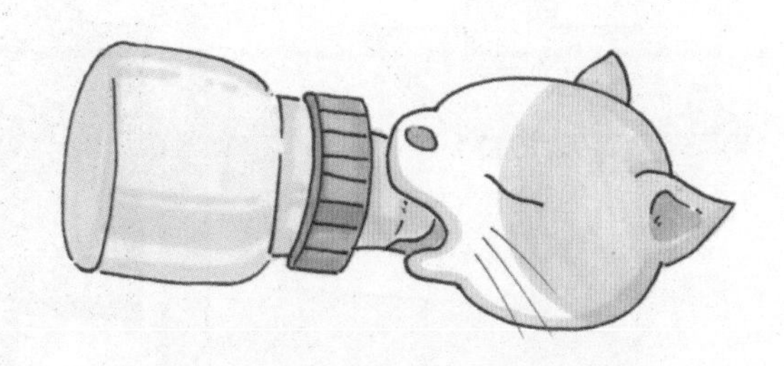

幼猫无法自己维持体温，通常情况下它们会窝在母猫怀里。幼猫体温降低会使其体力也随之下降。主人可以使用保暖器或者一些保暖的毯子来创造一个温暖的环境，记得留出幼猫能够挪动身体的空间。天气炎热的时候要保持屋内空气流通和凉爽，但为防止过冷，小窝内要备有毯子。另外，幼猫是无法自主进行排泄的，一般都是由母猫通过舔舐来刺激它们排尿或者排便。所以，主人可以用湿棉布或婴儿屁屁擦纸模仿母猫舔舐，轻拍它的肛门四周来刺激幼猫排泄。

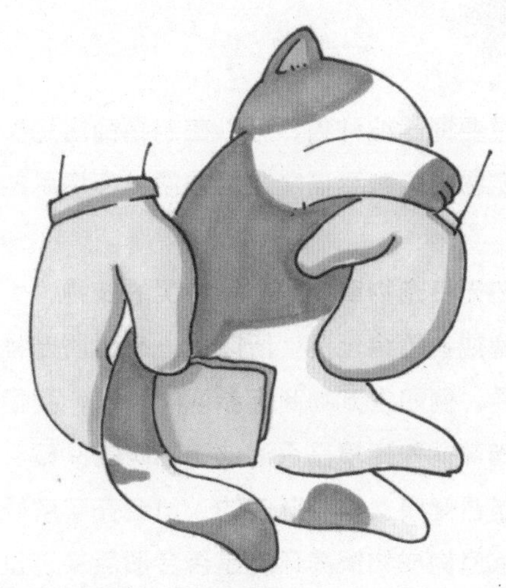

● 收养成年的流浪猫时

成年的流浪猫体型较大，又因长时间流浪使其捕捉起来很困难。为避免被抓伤、咬伤（万一不小心受伤，要及时去医院打狂犬疫苗），可以使用捕猫器捕捉。通常成年猫比幼猫警戒心强，习惯室内生活、熟悉人类。它们通常会藏进狭小的地方，很难照料。所以在成年猫习惯室内生活之前，可能将它们装进笼子里更为方便。

一个地区内可能会有大家一起来照料的猫。如果想收养此类猫，最好将自己的想法传达给大家。

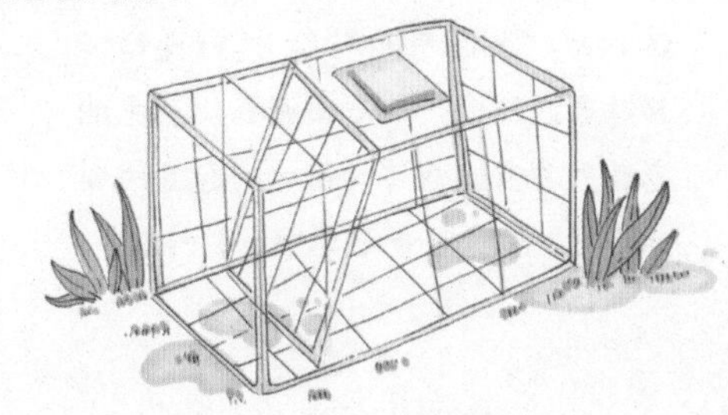

途径2：从正规宠物商店购买

想要饲养纯种猫，可以在宠物商店购买。虽然从宠物商店购买猫咪非常方便，但切忌冲动消费。

在无良宠物商店或市场购买的宠物，大多患有疾病或者情绪低沉，所以找一家优质宠物商店很重要。例如去宠物商店参观学习时，我们需要检查猫咪饲养环境是否清洁，猫咪的父母、兄弟姐妹是否健康。宠物商店的人员会在了解好购买者的家庭构成和饲养环境是否合适后决定是否销售。如果与之建立了信赖关系，这些宠物商店的人今后将成为良好的养猫交流对象。同时我们要避开选择那些拒绝参观的宠物商店。以防万一，要记得确认宠物商店是否具有相关的资质条件。

★不要网购宠物

实际上，动物销售者有义务向购买者直接展示动物，并提供正确的饲养方法和正常收养所需信息（实物确认和面对面说明的义务）。邮递活体动物是违法的，从不良商贩处买来的宠物大多有健康等方面的问题且对猫咪不利，我们还是不要网购猫咪。

● 如何挑选健康的猫咪

① 眼睛有神明亮。健康的猫咪眼睛应该是非常明亮有神的。如果猫咪的眼睛红肿流泪或眼角有深褐色眼屎堆积，很可能是患有眼疾。

② 鼻子清爽，嘴巴不流口水。挑选时要避免选择打喷嚏、流鼻涕，甚至流口水的猫咪，因为这种猫咪有很大的概率是患有疾病的，所以不建议购买。

③ 耳朵干净无耳垢。耳朵有耳螨或患有真菌感染的猫咪的耳朵会出现褐色的耳屎，且猫咪会不时地抓挠耳朵，这种疾病治疗起来较为麻烦且耗费较多金钱，所以应尽量避免购买这样的猫咪。

④ 猫咪毛发柔顺光滑。观察猫咪的毛发是否打结或身上有秃掉、红肿的地方，避免挑选到有皮肤病的猫咪。

⑤ 猫咪精神好，性格活泼，愿意与人互动。在得到店主的允许后，用零食或猫玩具与猫咪进行互动，观察它的精神状况和四肢协调性，以此来判断它是否健康。

⑥ 选购品种猫时要观察猫咪身材是否匀称，行动是否灵敏，外貌是否与该品种相符。

多跑几家宠物店，多看看攻略，是很有必要的哦！

途径3：从正规领养中心领养

猫咪领养中心会发布领养信息，我们可以在网上看到需要被领养的猫咪的信息。在现实生活中也可以去当地正规领养中心咨询，寻找一些等待领养的猫咪。

各领养中心都设有猫咪领养人条件，其条件存在差异，有些领养中心不接受独居者、同居男女，还有 60 岁以上的老年人领养。我们可以在网络上查找自己符合哪一领养中心的领养条件。同时，几乎所有领养中心都要求对猫咪进行终身饲养、室内喂养、定期检查、绝育手术等。有些领养中心还会事先进行房屋检查，查看饲养环境是否合适。

● 猫咪的领养条件

① 经济条件。养一只猫咪并不是一件非常简单的事情，猫粮、玩具、驱虫药及定期的疫苗等都是必需的，要有一定的经济基础和稳定的收入才可以哦！

② 住房情况。正规领养中心会在主人领养前对其住房情况进行调查，确保猫咪有一定的生存空间，还会确定主人的住处是否稳定。

③ 接受定期家访。正规领养中心为避免出现领养后弃养的情况发生，会定期进行家访，以确定猫咪的情况。

④ 工作性质。很多工作作息不规律的人是不适合领养猫咪的，因为不稳定的生活和作息会不利于猫咪与主人之间的感情培养，同时也不能让猫咪得到很好的照料。工作稳定且生活作息规律的人更适合照顾猫咪。

保证猫咪的安全

不要忽略猫咪的存在

时刻意识到猫咪的存在，猫咪好奇心强且活泼爱动，主人在检查房间时要时刻牢记这一点。如果主人定时开启门窗，要考虑猫咪是否会溜走或进入不想让它去的地方，必要时可以关闭门窗。进出房间时要随时留意身后，避免猫咪从缝隙溜进或跑出去。在使用完家中的电器后，例如洗衣机，要合好洗衣机的盖子。通常，在开启洗衣机这类电器前，要检查猫咪在何处。

保证外出活动安全

主人要确保室外，如花园或庭院中不存在安全隐患，要排除相对危险的物品，例如比较锋利和有潜在危险的物品。有些环境中容易出现蛇类或其他具有危险性的动物，主人也应注意。

在外出活动时，猫咪若是与其他猫咪打架，一定要检查其是否受伤，严重的话要送往宠物医院处理。

在城市中带猫咪外出，一定要注意交通安全，让猫咪远离街道。

保证室内安全

猫咪是一种喜欢攀爬的动物，它在跳跃和着陆的过程中可能会碰倒一些物件，所以主人要将桌面和柜子上的一些易碎物品移开，避免物品损坏或使猫咪受伤。

主人可以考虑暂时在想让猫咪远离的家具的边缘处放置双面胶、塑料护板或铝箔片，直到猫咪学会不触碰这些东西。因为猫咪不喜欢这些质地的东西，会尽量避免踩到它们。也可以主动为猫咪提供攀爬和抓挠的物品，如猫爬架和猫抓板等。要小心不要乱放小物品，如小玩具、瓶盖、笔帽和橡皮等，猫咪可能会吞下它们而导致窒息。收好家用电器的悬垂电线，以免猫咪弄伤自己。另外，可以给不用的插座安装一些保护罩。

避免植物伤害

尽量不要在室内养殖一些对猫咪有危害的植物，有些植物一旦被猫咪误食，会使猫咪中毒。可以选择一些特殊的对猫咪无害的植物摆放在室内。

番茄叶对猫咪来说是具有危险性的植物，千万不能让猫咪误食。

● 危险的植物

平日中有很多主人喜欢在家养一些花草。但其中有一些植物是对猫咪有着严重危害的，如一些百合类、藤蔓类等植物，这些植物无论是叶片还是花瓣，一旦被猫咪误食都会对猫咪造成不小的伤害，甚至会导致其死亡。

猫咪日常会不时进食一些植物来排出体内毛球，但因为它们无法分辨哪些植物对自己有益，所以经常会误食。家中应尽量避免这些植物出现在猫咪面前，以免其误食中毒。

★精油也危险

精油中浓缩了较多的植物成分。很多植物都对猫咪有害，因此若主人使用精油进行芳香诊疗，从某种程度上对猫咪来说比它们吞下植物还要危险。据报道，一些猫咪由于舔到或蹭到精油而死亡；还有猫咪每天生活在焚过香的房间里，肝脏功能也会恶化。

● 当猫咪误食有害植物

一旦猫咪吞下对其有害的食物或者植物，请立即带它前往宠物医院。刚吞下不久，可以强制性催吐；当过了一定时间，特别是出现了右侧所示症状时，必须尽早送医为其治疗。同时，接受诊疗之前请不要给它们喂食。

诊疗时，告诉医生猫咪吃了什么东西及其进食量。如果有吃剩下的东西，也可以带上。若猫咪在家有呕吐，主人可以将呕吐物带给医生，或者给医生看拍摄的照片。将猫咪呕吐的情况拍成影像，也有助于兽医进行诊断。

中毒的症状

- 不停地呕吐
- 恶心
- 流口水
- 发抖、痉挛
- 精神萎靡不振
- 没有食欲
- 腹泻
- 出现血尿、血便
- 发烧

★宠物医生的建议

人类的一些药物、营养品中也含有对猫咪有害的成分，因此不要随意给猫咪喂食。为避免猫咪误食，请不要将药物等放在房间里。现实中有很多猫咪扯破包装袋并误食，进而丧命。为了避免不幸的结果，请主人们严格管理这些人类物品！

为猫咪营造舒适的生活环境

适合猫咪生活的房间

● 食盆远离猫砂盆

猫咪应该至少有一个食盆，一个水盆。如果家里有多只猫，那么它们应该各自拥有属于自己的食盆和水盆。注意食盆和水盆不可以放在猫砂盆旁边。

● 猫爬架，让猫咪能够登上高处

猫爬架应该放置在猫咪经常活动的地方。最好在猫爬架上安装多个小的平台、睡觉的小窝和供猫咪攀爬的东西（如绳子）。对只在室内活动的猫咪，可在窗台上布置一个铺有软垫的小窝，使猫咪可以趴在窗台观察窗外的一切。

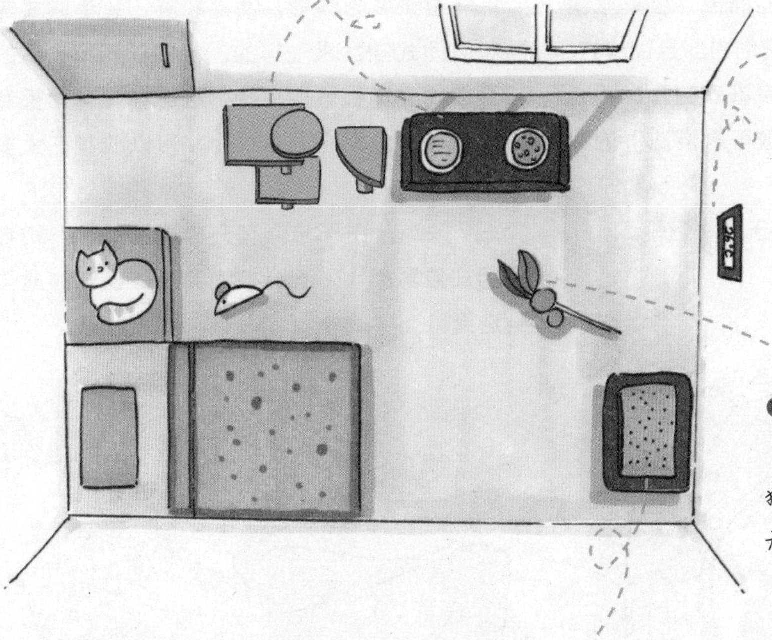

● 制造温暖小窝

房间里的温度应该在24～26摄氏度。这样，猫咪就可以随自己的喜好选择适合待的地方。

● 猫玩具

玩具可以为在室内活动的猫咪提供乐趣，让它们不感到无聊。

● 猫砂盆放置在房间角落等令猫咪安心的地方

猫砂盆应该放置在安静的角落和不会妨碍人走动的地方。如果家有两只或者更多的猫，应该至少放置两个猫砂盆。即使是通常在室外活动的猫，也要在室内为它放置一个猫砂盆。

猫床

猫咪喜欢在专属于自己的领地休息。主人可以用柔软的垫子或衣物来给它铺一张小小的猫床，供它休息。

● 封闭式猫窝

通常由柳条或藤条编制而成，极具牢固性。虽然开口比较大，但猫窝的内部是昏暗的，这一点是“洞穴动物”非常喜欢的。封闭式猫窝内部的编织物（大多数可以清洗）的构造可以阻挡住穿堂风。

缺点：重量较重，不利于远程运输。

● 开放式猫窝

边缘多为弧形，两端较高，装垫方式等和封闭式猫窝是一样的。各种样式和大小的开放式猫窝都可以买到。这类猫窝通常重量非常轻，占用空间也很小，可以放置在大多数地方。

缺点：由于它具有开放式的结构，和封闭式猫窝相比，不会被猫咪当作猫窝的最佳选择。

● 塑料材质的猫窝

可在内部铺上柔软的毛毯，可清洗，有需要的时候也可以对其进行消毒，可以很好地阻挡穿堂风。

缺点：内部气味有可能比较难闻。

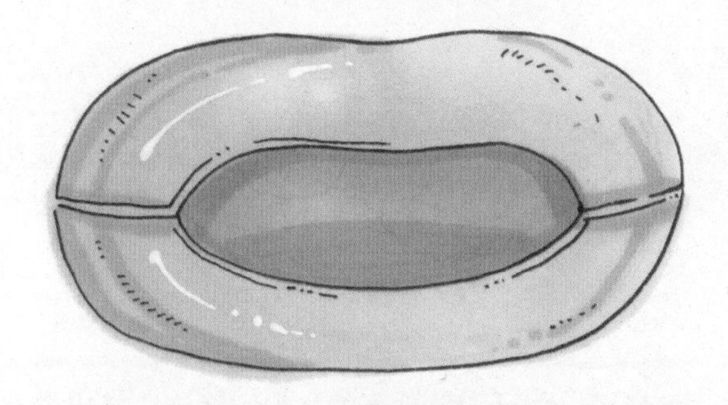

● 长毛绒和针织物做成的猫窝

非常柔软和温暖；有封闭式的也有开放式的，有各种形状（圆形、方形、椭圆形），边缘有高有低、颜色多种多样、重量较轻；长毛绒材质的一般可以用洗衣机清洗。

缺点：不如柳条和藤条编成的猫窝那样坚固。针织物材质（例如灯芯绒）的猫窝清洗起来比较困难，需要在其中放置可清洗的垫子。

● 猫房

由木头或者紧密织物制成，结构坚固；放在室外也是可以的；通常非常宽敞、平坦的猫房顶上一般可以让猫咪趴卧。

缺点：重量较重，价格比较贵。

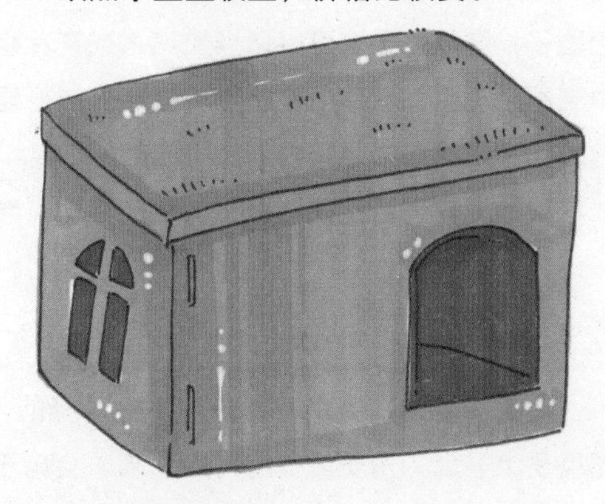

● 抱枕和床垫

抱枕和床垫通常暖和柔软，能隔绝地板的寒气。这些物品都应容易打扫，最好可以清洗，其材料也都应能经受猫咪长时间的抓挠，线不会被猫咪扯下来，纠缠到一起去。

● 暖垫和冷垫

填充物是凝胶的垫子可以适当加热，可以持续提供让猫咪感觉舒服的热量。它也可以用来制冷，只要事先在冰柜里放一段时间就行了。除了装有凝胶的垫子，还有装有独立内胆的垫子，这种垫子也可以适当加热，或在冰柜中制冷后使用。这种垫子提供热量和保持低温的时间不如填充物是凝胶的垫子的时间长。

暖垫尤其适合生病（关节病）的猫咪、新出生的猫咪和年龄比较大的猫咪使用，也适合带猫咪去旅行或者看医生时使用。

冷垫可以用来缓解猫咪扭伤之类的伤痛；也可以敷在虫子叮咬的伤口上，用于消肿。

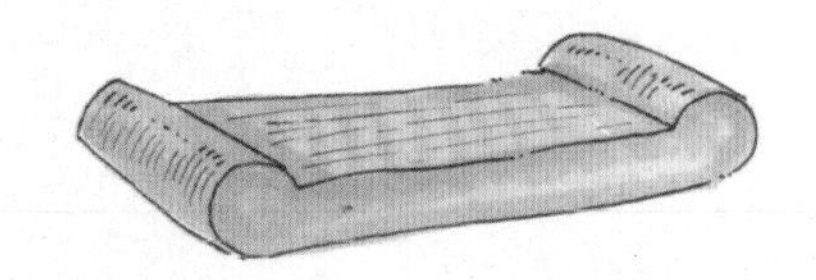

猫抓板、猫爬架

对猫咪来说，磨爪子是一种十分享受的行为，这样可以保证猫咪爪子的尖锐和清洁，并能去掉爪子上多余的角质。在房间内，猫咪会自己寻找可以磨爪子的地方。

有了猫爬架和猫抓板，家里的家具、地毯和台布等就可以“不受其害”了。如果家里空间较小，放不下猫爬架，那么可以使用猫抓板来代替，但是要注意，猫抓板没有猫爬架的功能齐全。主人可以把猫抓板放在门旁边，以方便猫咪使用。

使用猫爬架需要注意以下几点。

放置在方便猫咪使用的地点：要放在猫咪经常待的地方，不要放在“被人遗忘的角落”。

具有稳固的结构：最重要的就是要保证猫咪的安全，一个摇摇晃晃的猫爬架是不行的，可以用螺丝把支架固定在屋顶上，这样会使其稳固。

置有合适的纺织品：结实的剑麻制品可以经受住猫咪的抓挠。猫咪一般会在猫爬架的底部磨自己的爪子。在猫爬架上安装小平台、洞穴和供猫咪爬行的绳子，可以让猫爬架变得更有趣。

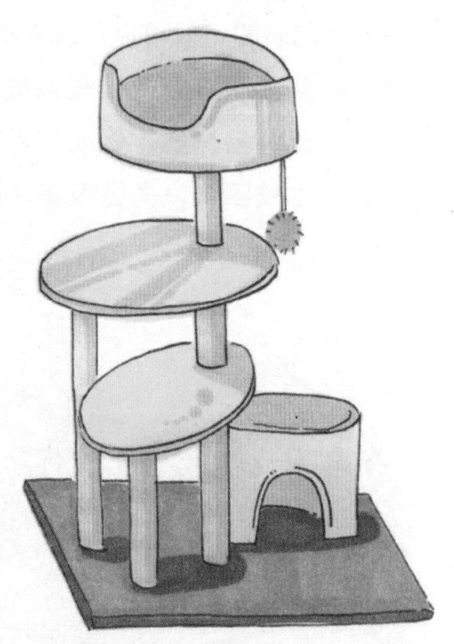

如果猫咪不喜欢主人为它准备的猫爬架，主人可以当着它的面在猫爬架上抓挠，多做几次，引导它模仿这一做法；或者在猫爬架上撒一些猫薄荷，也可以让猫爬架更有吸引力。

猫笼

猫笼是养猫人士必备的物品，是带猫咪外出或运输猫咪时的“安全保障”。

猫笼的材质可分为塑料、金属等，无论是哪种材质，猫笼都需具有供猫咪转身的空间和温暖舒适的笼内环境。

在选择猫笼时应该注意以下几点。

材料：结实耐摔，抗风防潮，可以保护猫咪。

尺寸规格：应该适合猫咪的体型。要有足够的空间可以让它趴着或坐直，并且可以转身。

出入方便：一般有金属或者塑料材质做成的栅栏式的小窗。如果猫咪不想进入猫笼，那么选择一种顶部有活门的猫笼就可以把它轻松放进去了。

安全性：为了防止猫咪逃跑，笼子上要有可以锁起来的小门。

舒适性：塑料制成的笼子或柳条筐体积较大，会比较笨重，可以适合放在车中运输。

猫咪旅行箱

托运猫笼

外出猫笼

猫砂盆和猫砂铲

市面上猫砂盆的类型多种多样，要想选择一款适合猫咪的猫砂盆，就需要不断地尝试，不同类型的猫砂盆的特点也不同。下面我们就来了解一下猫砂盆的类型和特点吧！

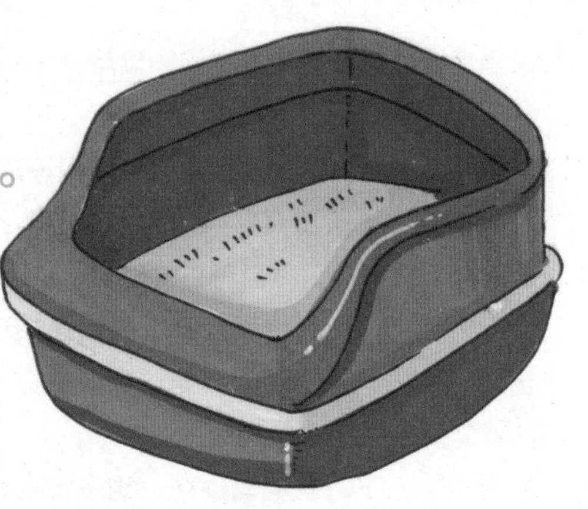

敞开型

此类型的猫砂盆没有固定的进出口限制，是很多猫咪都喜欢使用的一款猫砂盆。不过它不能将气味很好地封闭起来，且猫咪使用后会有少量的猫砂被带出。

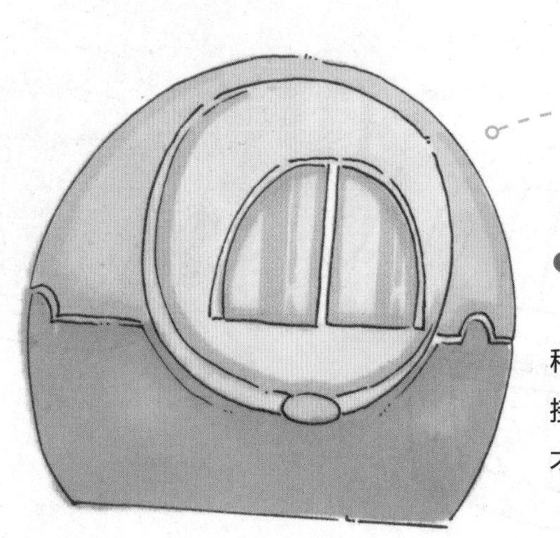

自动型

随着科技的进步，猫砂盆越来越先进，这种带自动清洁功能的猫砂盆被很多养猫家庭所接受。购买前要先确定猫咪是否习惯和喜欢，才可以购买哦！

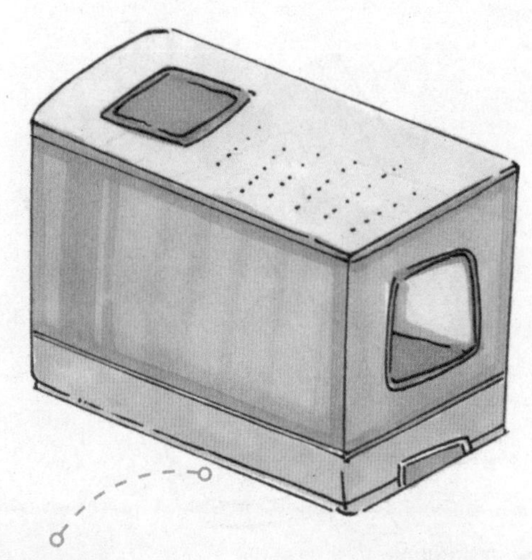

● 封闭型

这种猫砂盆只有一个出口，可以在猫咪方便后有效地隔离气味和防止猫砂被带出，但这样也会造成猫咪“嫌弃”猫砂盆。对于性格敏感、胆小的猫咪来说，这种“逃离”路线单一的猫砂盆会令它们感到紧张不安。

★猫砂盆数量建议

对于多猫家庭，猫砂盆数量过少，可能会给猫咪增加很大的压力。有一个简单的技巧可以参考：猫砂盆的数量比家中猫咪的数量多一个为最佳。

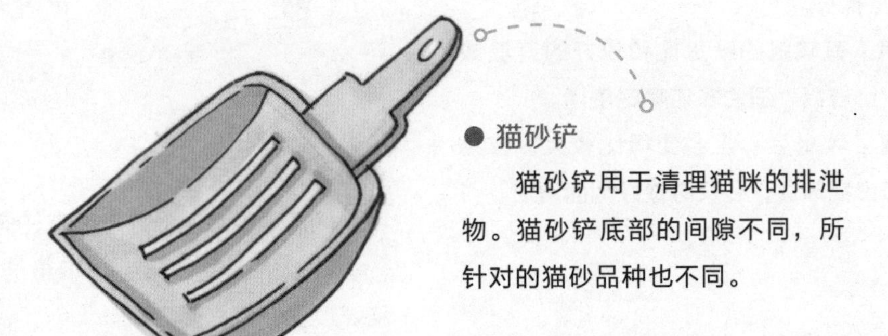

● 猫砂铲

猫砂铲用于清理猫咪的排泄物。猫砂铲底部的间隙不同，所针对的猫砂品种也不同。

猫砂

猫砂主要用于掩埋猫咪排泄物，有较强的吸水性和遮盖气味的作用。一般装在猫砂盆中，清理猫砂时会使用猫砂铲。

随着时代的发展，猫砂的类型越来越多样化，下面就让我们来认识一下各种类型的猫砂，以便选择一款最适合猫咪的吧！

● 膨润土猫砂

优点：有较强的吸水性和较好的遮臭效果，性价比较高，适合多猫家庭使用。

缺点：吸水后粉尘会变得比较大，容易被猫咪带出猫砂盆，要及时做好地面清洁。

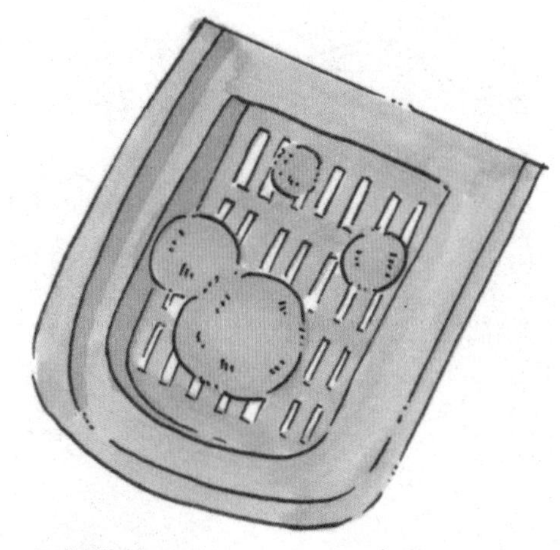

● 豆腐猫砂

优点：有淡淡的豆子香气，吸水后粉尘较少，遮臭效果好。使用它清理后一般可以直接倒入马桶冲走，价格偏低。

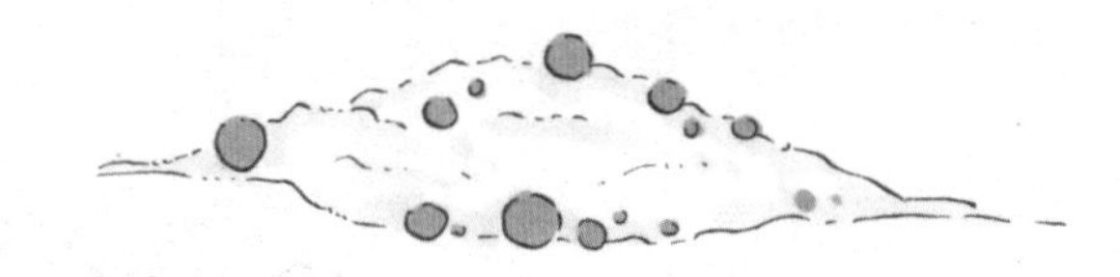

● 水晶猫砂

优点：吸水性很好，没有任何粉尘。

缺点：遮臭效果差，不易结团，容易被猫咪误食，价格偏高。

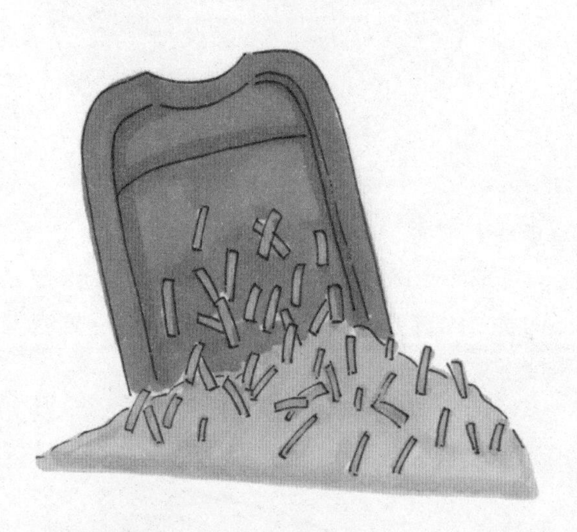

★如何选择猫砂

要询问幼猫以前的主人，确定好以前幼猫使用的猫砂，尽量保持不变。

选用猫砂前要明确每种猫砂的特点。

城市中存在相对较少的泥土和沙子也是猫咪喜爱的猫砂材料之一，不过通常并不适合室内使用。

带有黏土成分的猫砂吸水能力强，且易结团清理，但灰尘较大。

纤维制的颗粒型猫砂可以降解，且吸水性能较好。

● 松木猫砂

优点：吸水效果很好且粉尘少，遮臭效果一般，适合有多只猫咪的家庭使用，可以节省用量。

缺点：味道不被猫咪喜欢，且需要配合专用的双层猫砂盆使用。

食盆

猫咪使用的食盆应该结实并具有稳固性，避免猫咪踩踏时将其弄翻。食盆不宜过高，但宽度要大于猫咪头部才行。

市面上有很多类型的食盆可供选择，应尽可能选择容易清洗并具有防滑作用的食盆。

● 深口食盆

成年猫咪由于体型和食量较大，所选用的食盆也应更大、更深，这样也能在一定程度上减少猫咪的颈部压力。

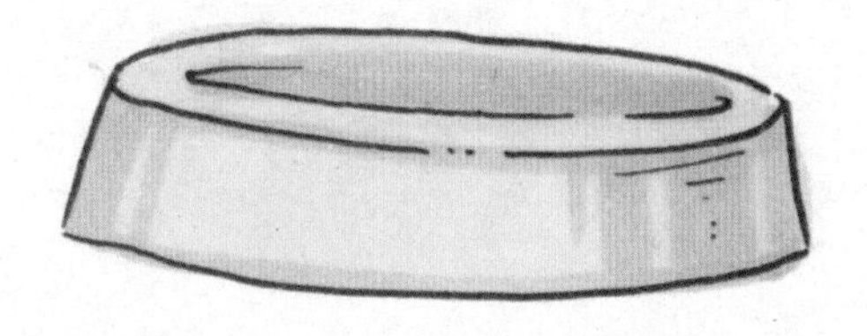

● 平坦浅食盆

内部比较平坦的浅口食盆更适用于小奶猫，因为食盆边缘不会太高，猫咪进食会更方便且猫粮不易散落出来。

● 高架食盆

当猫咪年龄较大时，为了不让其在进食时颈部有太大的压力，使用高架食盆是一个不错的选择。

★挑选方法

①挑选底部带有防滑圈的水盆和食盆，可以适当防止猫咪在玩闹的过程中将其撞翻。

②慎重选择市面上水盆和食盆连为一体的款式，因为换水较不方便，还可能造成食物浪费。

③选择塑料食盆时尽量不要选择内壁带有图案的，否则可能会影响猫咪的健康。

务必要做到一猫一食盆，避免猫咪之间因为进食而发生打斗。

了解猫咪的身体构造

猫咪身体的每一个器官对其狩猎来说都是非常重要的，猫咪必须有较好的眼力、听力以及协调的行动力才能完成一次完美的狩猎。接下来我们就来认识一下猫咪的身体结构吧！

眼睛
猫咪的眼睛具有夜视能力，且动态视力出色。瞳孔在明亮的地方会变细，在昏暗的地方会变圆，由此调整入眼的光线量。
耳朵
猫咪的耳朵比狗狗的耳朵还要灵敏，可以接收到人类无法识别的超声波。甚至可接收达 6 万赫兹的声波。
胡须
长长的胡须起到“侦察”的作用，一旦接触到物体便能敏锐地感知到。实际上，猫咪全身都有类似于胡须作用的触毛。
锁骨
猫咪的锁骨由骨膜、骨髓、血管和神经组成。正是由于这样的构造，使得它们既可以钩抓物体、攀爬得很高，又可以灵活、快速地奔跑，遇到狭窄的缝隙也能轻松地通过。

第2章 猫咪初到新家和喂养要点

猫咪初到新家

接猫咪回家

猫咪进入一个新的家庭，对猫咪和家庭来说都是一种全新的体验。尽管猫咪可以很快地适应新的环境，但主人仍然需要在猫咪初到新家时让它感到舒适和平静。

运送猫咪时，需要准备一个牢固的盒子或猫咪专用的旅行箱来保证猫咪的安全。如果条件允许，可以在箱内放置一些软垫，让猫咪更加舒适。

若是接小猫回家，应该有两个人同行，一个人开车，另一个人在路上照顾小猫。可以把小猫放在膝盖上，轻轻抚摸着它，低声跟它聊天。给它盖一条毯子，一是为了保暖，二是因为毯子可以给它带来安全感。可以在膝盖上铺上几张报纸，以防路上小猫大小便。

接已经成年的猫咪回家，可以把它装在盒子里或者猫笼里。在这之前，应和它的前主人沟通一下，看它是否习惯坐汽车。为了避免运输途中出现应激反应，可以提前或到家后再补充饮水，同时在水中补充一些维生素 C，有助于缓解运输途中带来的不适应。

● 回家路上的一些建议：

通常在回家前 4~5 个小时最后一次让猫咪进食，在路上的时候尽量只给猫咪喝水。

如果路途较远，需要在途中多停下来几次，并且多喂几次水。尽量让猫咪一直待在盒子里。

如果汽车里有空调，那么夏天的高温就没那么可怕了。请注意，空调出风口不要正对着猫咪，并且应关闭车窗。如果车里没有空调，那么尽可能选择较凉爽的早上接猫咪回家。同时在安排日程时，尽量避免晚上才到家。

猫咪安全到家后，可将猫笼放在一个安静的房间内，并将门窗关好，防止猫咪出来后情绪激动趁机逃走。打开猫笼，耐心地引导猫咪走出猫笼，熟悉新的环境。

确保猫咪的常用物品被放在它能轻易找到的地方。如果家中还有小孩子，需要注意不要让他们大喊大叫以免惊吓到猫咪，可以教导他们正确与猫咪相处。在给孩子介绍猫咪的时候要始终抱紧它，然后教孩子了解接触宠物的正确方法，让他们可以按照正确的方式对待猫咪。还需做好防护工作，避免被猫咪抓伤。如果还是不放心，就需要先将孩子与猫咪分隔开，然后慢慢让他们接触。

制定家庭规则

在将猫咪带回家中后，要与猫咪建立起亲密的信任关系。同时，也要同其一起制定一套有规律性的日常活动，例如喂食、梳理被毛、玩游戏等，这样有利于猫咪更快接受新环境并增强它的安全感，保证有一个每日与猫咪交流的固定时间，以培养感情。

固定食盆的放置位置后，了解猫咪的饮食习惯，由它们自由进食。而梳理被毛需要固定在每天的某一时段进行，这样才能让猫咪习惯。游戏的时间应尽量避免在猫咪刚刚吃饭后，为了减少猫咪深夜喧嚣的几率，可以在夜晚来临前充分让猫咪运动玩耍，这样猫咪在夜晚也会更多地睡眠，不会打扰到主人。

猫砂的使用

大多数猫咪在被领养前就已经学会了使用猫砂，但它们在新的环境中，面对新猫砂时可能还是会出现一些小问题，例如不喜欢新猫砂或不习惯新猫砂的气味。面对这些问题通常可以采取两种解决方法：一种是用猫咪在领养前惯用的猫砂与新猫砂按比例混合，让猫咪慢慢适应新猫砂；另一种是换一种猫砂，最好是无味或原味的，让猫咪自己选择喜欢的猫砂。猫砂盆一定要定期清理，理想状态是 1 天清理 2~3 次，每隔 1~2 周就要更换 1 次猫砂，并清洗猫砂盆，去除盆中的气味和污垢，但不要使用具有强烈香味的清洁产品或除味剂，因为这样可能会减少猫咪对猫砂盆的使用兴趣。

在猫砂盆中放多少猫砂

在猫砂盆中放多少猫砂和猫咪的体型，以及和猫砂盆的深度等有关。

①猫咪的习惯。在猫砂盆中排泄后，有的猫咪喜欢将排泄物掩埋得严严实实，这种情况需要在盆中多放一些猫砂；但也会有个别时候出现不掩埋的情况，这就要具体看，是否因为更换了猫砂或猫砂盆让猫咪不喜欢、不习惯，需要逐步培养它，帮助它适应和学会使用。

②猫砂种类。对于不同类型的猫砂，所需放入猫砂的厚度不同。黏土型的猫砂由于结块能力强，所以需要多放一些。

③猫砂盆类型。可根据猫砂盆的类型来决定放多少猫砂。对于封闭式的猫砂盆，可以多放一些猫砂；对于开放式的猫砂盆，可以少放一些猫砂，以避免大量猫砂被带出猫砂盆外造成浪费。

主人外出时猫咪该如何安置

当主人不得不长时间外出时，就需要提前安排好猫咪那段时间的日常起居。如果条件允许可以带猫咪出行，但有的猫咪并不能很好地适应长途运输和新环境，从而会发生很多意想不到的情况，所以这一方式还需要谨慎考虑。

猫咪的独立能力很强，一般主人出行 1~3 天是可以将猫咪留在家中的，但是需要给猫咪备好充足的猫粮和清水，以及干净的猫砂，房间的温度要适宜并保持良好通风；也可以托付家人或朋友在此期间定时去照看猫咪，防止意外情况发生。如果猫咪本身太小或者患病，而主人又不得不外出时，可以将其托管在宠物医院内，这样可以随时知道猫咪的康复情况和饮食情况。

为猫咪提供健康的饮食

基础营养的摄入

猫咪是食肉动物，肉类中有它们所需的氨基酸和脂肪酸等，可以保证它们的机体健康和身体各项功能正常。除此之外，猫咪还需要一种叫作牛磺酸的氨基酸。如果缺少这一物质，猫咪的视力和心脏会受到严重的损伤。需要注意的是，如果主人想要自己加工猫粮来喂食，就需要在食物中添加适量的牛磺酸，因为这种物质在高温烹饪时通常会流失。

猫咪所需的微量元素

现在市面上的猫粮一般都会含有猫咪身体所需的维生素 D、K、E、B、A、C。同时微量元素中的硒、钙也是必不可少的。如果猫咪严重缺少某种元素，可根据宠物医生的推荐来购买相应的猫粮。

猫粮的营养成分

蛋白质、碳水化合物和脂肪通常是食物的基础成分——对动物的食物来说是这样，对人类的食物来说也是这样的。这些营养素的来源非常重要。

猫咪可以从家禽和鱼类的肉中获得高质量的蛋白质，而动物内脏中的蛋白质一般不足以满足猫咪的需求。猫咪在摄取蛋白质的同时也要补充少量的微量元素，但矿物质中的钙和钠，以及维生素 A 和维生素 D 不能过量，以免导致猫咪出现健康问题。

蛋白质含量

猫咪的干粮中应含有至少 25% 的蛋白质，小猫对于干粮中蛋白质的需求水平至少占总食物量的 28%，一般只有保证这个量，猫咪才可以健康成长。鸡肉、牛肉和鱼肉是蛋白质的主要来源，蛋白质由氨基酸水合而成，动物和人类可通过食物获得所需的氨基酸，进行正常的新陈代谢，主要可从牛肉、羊肉、鸡胸肉、鲤鱼、金枪鱼等食物中获取。

如果猫粮中氨基酸的含量过少，可能会对猫咪肝脏造成不可逆转的伤害，甚至会导致其在短时间内死亡，所以要保证日常喂食的猫粮或食物中有足量的氨基酸。

碳水化合物含量

碳水化合物供应的能量并非猫咪所必需的，但某些碳水化合物中的纤维可促进猫咪肠道健康。但是猫咪食用大量碳水化合物会出现消化不良的迹象。

脂肪含量

脂肪是猫咪营养需要的重要部分，可以帮助猫咪储存能量和作为能量的来源。

脂肪主要供应能量，成年猫咪和幼年猫咪都同样需要充足的脂肪营养素。在猫咪食物中的脂肪来源主要是一些动物脂肪，比如鸡油、牛油等，其中以多不饱和脂肪酸丰富的鱼油、亚麻籽油等为最佳选择。

★猫咪太胖怎么办？

①主人可以固定在每天的同一时间段用玩具来促使猫咪运动。

②控制猫咪饮食，可以咨询宠物营养专家或兽医，为猫咪制定“节食减肥”计划。

干猫粮与湿猫粮

根据猫粮中水分含量的多少，可以将其分为干猫粮、半湿猫粮和湿猫粮 3 种类型。大部分综合营养型猫粮都是干猫粮，易于长期保存和能够预防牙垢的优点使其成为绝大多数猫咪主人的选择；也有少部分的湿猫粮是综合营养型的，湿猫粮因含有丰富的水分，可以大大提高猫咪的饮水量，有助于猫咪的泌尿系统健康，建议在以干猫粮为主食喂养的基础上，增加一些湿猫粮的喂食方法。

干猫粮的水分含量通常为 10% 以下，又脆又硬，不易腐坏，但不建议开封后长期存放，因为对气味敏感的猫咪会察觉到味道的差异。开封后的猫粮可以放入密封罐中保存，如果太多可以将一部分放入冰箱冷冻，需要的时候拿出来自然解冻即可。另外，干猫粮必须搭配足量的清水来进行喂食，否则猫咪很可能难以下咽或产生便秘问题。

湿猫粮的水分含量通常为 75% 以上，多为罐装、瓶装或袋装。由于湿猫粮不易储存，开封后即便是冷藏，大约也只能保存一天，所以通常以小包装形式售卖。主人可以根据猫咪的食量购买合适分量的独立包装猫粮，尽量让猫咪一次吃完，避免长期存放。虽然吃湿猫粮可以同时摄入水分，但极易引起猫咪上瘾，如果主人一时心软，任由猫咪摄入湿猫粮，很快它便容易厌弃干猫粮，甚至会通过忍受饥饿来得到湿猫粮，这是很危险的征兆。

半湿猫粮是水分介于湿猫粮和干猫粮之间的猫粮，能补充猫咪日常所需的水分。

正确的饮食习惯

猫咪的进食习惯

野外生存的猫咪可能已经养成了“抓到什么吃什么”和“当下的食物要及时吃完”的习惯，但家猫完全不同，它们没有捕猎的“紧迫感”和挨饿的“危机感”，所以对待食物的态度与野猫不同。

①猫咪会选择符合自己口味的食物，闻起来不满意或不新鲜的猫粮是无法引起它的食欲的。

②猫咪不会一次性将食盆里的食物全部吃完，即便是没有吃饱，也会留下一部分等会儿再来吃。大部分猫咪会将食物分成 2~3 次吃完，而对于有些食盆中一直都会有食物存在的猫咪来说，一天之内进食 20 次都是正常的。

③年龄较小的猫咪很喜欢与同伴一起进食，此时它们还不知道什么叫作竞争，而长大为成年猫之后，通常会出现抢食的现象。在主人没有及时采取措施的情况下，可能会导致家中某些猫咪变得过度肥胖或者过于消瘦。

④一旦找到猫咪喜爱的猫粮后，尽量避免更换或采用逐步更换的方式，否则猫咪很可能会拒绝进食甚至会呕吐。

⑤猫咪一旦养成不良的进食习惯便会很难改正，如只吃零食不吃主食、与主人吃同样的食物等，因此一定要从一开始就杜绝猫咪这些不良习惯的养成。

猫咪必需的几种食物

肉类：富含蛋白质和脂肪。尤其是鱼肉，但必须经过烹饪才可以给猫咪食用。同时一般要将其与维生素 D 和 B7 以及钙类物质一起混合喂食，才能让猫咪不出现骨骼方面的问题。

鸡蛋：营养丰富，含多种维生素。但猫咪只能吃煮熟的鸡蛋。

动物肝脏：富含蛋白质和脂肪等。维生素 A 含量较高，为了避免维生素 A 中毒，不宜过量喂食。

谷物：谷物中的维生素和矿物质含量较丰富，考虑到谷物也含有较高的碳水化合物，也要尽量低比例地喂食谷物。

无乳糖牛奶：含有维生素和矿物质等。不过不容易被猫咪消化和吸收，可换成无乳糖的牛奶或几乎没有乳糖的酸奶。

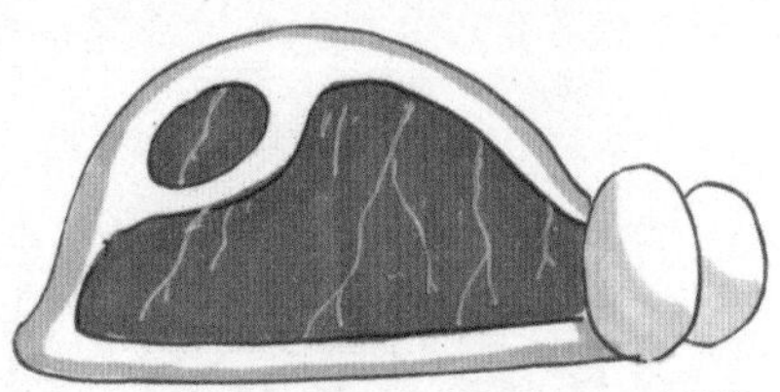

肉蛋类

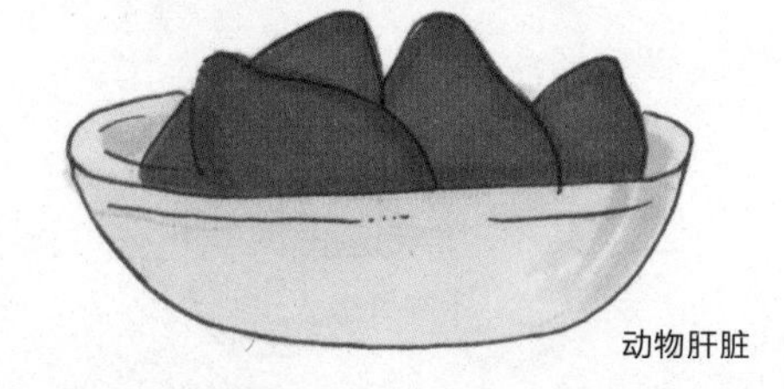

动物肝脏

有些猫咪体内没有乳糖酶，所以无法消化牛奶中的乳糖成分。可以给猫咪喝一些无乳糖牛奶或几乎没有乳糖的酸奶。

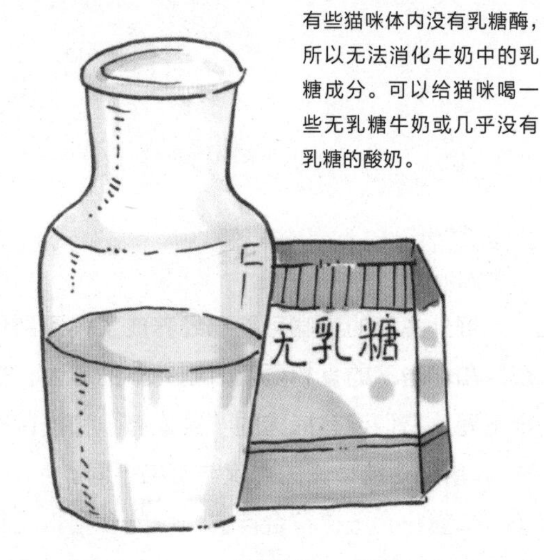

无乳糖牛奶

猫咪饮水要求

一些猫咪不喜欢喝水，但对亮晶晶的玻璃器皿和流动的水有着特殊的喜好，使用合适的喂水器便能让猫咪爱上喝水，但切记不要给猫咪饮用硬度高的矿泉水，因为水中矿物质含量过高可能会引起猫咪尿石症。

防止猫咪过胖

家养的猫咪由于食物丰富而充足，活动量较小，很容易变得肥胖。通常，肥胖是指超出正常体重范围15%以上，但由于猫咪品种和个体的差异性，有时很难准确界定，直到猫咪变得“圆滚滚”或已经有了各种疾病时，主人才会引起注意。主人应经常为猫咪称量体重，当发现成年猫咪体重持续性地快速增长时，或者略微施力按压猫咪腋下却无法清晰感觉到肋骨时，便要警惕了。

● 减肥要点

猫咪一旦处于肥胖状态，就可能引发糖尿病、关节炎、皮肤病等疾病。因此为了猫咪的健康，使其保持正常的体重是十分必要的。而对于肥胖的猫咪则必须实施减肥计划，使其恢复正常体重。在帮助猫咪减肥的过程中，主人需要做到以下几点。

①可以适量减少每次的投食量。

②以高蛋白低热量的猫粮为主食，尽量避免猫咪食用零食。

③增加猫咪的运动量，不论是用逗猫棒逗猫，还是用攀爬架让猫咪攀爬，想方设法让猫咪动起来。

④定期为猫咪称重并记录，根据每次的结果来不断调整饮食方案，提高减肥计划的效率。

⑤保证猫咪在不缺乏营养的情况下健康减肥。

不同阶段猫咪的喂养

小猫的喂养

新生小猫的喂养分为有母猫亲自哺育和没有母猫照料两种情况。当家中母猫分娩而生的小猫由母猫亲自哺育时，需要给母猫供应充足的猫粮，使其能够顺利产奶并有足够精力照顾刚刚降生的小猫，等到小猫 4 周大，便可逐渐用固体食物替代乳汁，直到 8 周时完全断奶。对于 3 周大的小猫，可以使用猫咪专用奶粉，稀释后用注射流质食物的注射器喂养，1 日 4~6 次；对于 4 周大的小猫，可以在奶粉中加入麦粉和其他糊状的鱼、肉、奶酪等婴儿食品，放在浅口食盆中让猫咪食用，1 日 4~6 次；对于 5 周大的小猫，除了 1 日 3 次食用与上周同样的食物之外，还有 1 次喂养的食物可以用剁碎的瘦肉末、鱼肉糜、猫粮粉等来代替，使其逐渐适应固体食物；对于 6~7 周大的小猫，可以将固体食物喂食次数增加至 1 日 3 次，且相应的糊状食物减少至 1 日 1 次；对于 8 周大的小猫，已经可以完全断奶并只吃固体食物了，1 日 4 次足量供应，额外加入一杯低乳糖乳制品和充足的水，此后便可固定为这样的喂养方式，直到猫咪 8 个月大可以改为 1 日 3 次猫粮。当新生小猫没有母猫的照料，需要人工照料时，小猫格外娇弱，必须十分小心。对于刚出生 1 周的小猫，使用猫咪专用奶粉，可每隔 2 小时喂 1 次，每次 5 毫升左右；对于 1~2 周的小猫，白天每隔 2 小时喂 1 次，夜晚每隔 4 小时喂 1 次，每次 8 毫升左右；对于 2~3 周的小猫，白天每隔 2 小时喂 1 次，夜晚只需喂 1 次，每次 10 毫升左右。度过前 3 周的危险期后，便可按照由母猫亲自哺育的小猫的喂养方式增加固体食物的量。

成年猫咪的喂养

喂养成年猫咪可以根据需求将喂养时间固定为1日2~3次，不同品种和处于不同时期的猫咪食量大小会有所不同，如热爱运动和玩耍的猫咪所需热量会更多，处于怀孕和哺乳期的猫咪食量也会有所增加，这都需要主人细心观察才能弄清楚猫咪现阶段的脾性，从而制订出最有利于猫咪健康的喂食时间表和用量。

● 确定喂食量的小技巧

首先在食盆里放入足量的猫粮，让猫咪自由地去摄取，而后根据它的食用量来逐步减少猫粮的投放量，最终达到刚好足够它吃饱的分量。需要注意的是，猫咪不会一次性吃饱，而是在吃到半饱时便走开一会儿，过后又回来接着吃，因此需要计算的是猫咪的总食量，而非第一次吃掉的量。另外，不要在这一过程中给猫咪喂食其他食物，如小零食等，否则可能会使猫咪养成不良的饮食习惯，也不利于猫咪摄入必需营养。有人认为，只需要将食盆倒满，让猫咪慢慢吃，吃完了再加就可以了。这种认知是错误的，因为猫咪具有非常灵敏的嗅觉，它对待食物的第一反应是先闻味道，只有味道符合了猫咪的心意，它才会尽情享用，而长期放置的食物很可能已经有些腐坏变质，哪怕一点点的变味，都会使猫咪失去进食的欲望，从而“高傲”地走开。因此应尽量为猫咪提供新鲜的食物和水，让它少食多餐，避免浪费，这也是正确掌握猫咪食量的重要技巧。

除了保证食品新鲜之外，还有一些注意事项：①不要将人类的美食分享给猫咪，因为其中所含有的盐分对猫咪来说可能是过量的，甚至是致病的；②不要将家禽的骨头，如鸡、鸭的骨头喂给猫咪，这些小而易断裂的骨头容易卡在猫咪的喉咙里；③猫咪可以吃煮熟的鸡蛋，但一周不能多于两个。这些是最为常见的喂养注意事项，希望主人引起警惕。

老年猫咪的喂养

猫咪的寿命较短，且不易从外表上看出衰老的迹象，7 岁以上的猫咪虽然看起来依然年轻，但它身体内部的器官已经逐渐衰老，尤其是消化系统。此时应遵循少食多餐的原则，每日为猫咪准备 3~6 餐易于消化且富含营养的猫粮，也可以在宠物商店专门购买为老年猫咪所提供的特殊猫粮。

相比于成年猫咪，老年猫咪更需要专业的喂养，不要将衰老的现象和疾病的征兆相混淆，主人应经常为猫咪称量体重，避免猫咪过于肥胖或消瘦。主人还应了解一些特殊的食物喂养知识，如限制高磷的饮食有助于缓解肾病症状，湿润且富含纤维素的食物能缓解便秘的痛苦，不饱和脂肪酸含量较高的食物有助于减轻关节疼痛，富含维生素和抗氧化剂的食物能增加肌肉的营养等。

特殊食物——猫草

我们可以从宠物店购买猫草的种子后用小盆养在室内。

● 猫草的益处

跟人工制造的化毛物品相比较，例如化毛膏、猫草锭、猫草粉等，猫咪吃猫草更有助于肠胃消化，更容易排出体内的毛团，还可以清洁口腔，对猫咪的健康很有帮助。

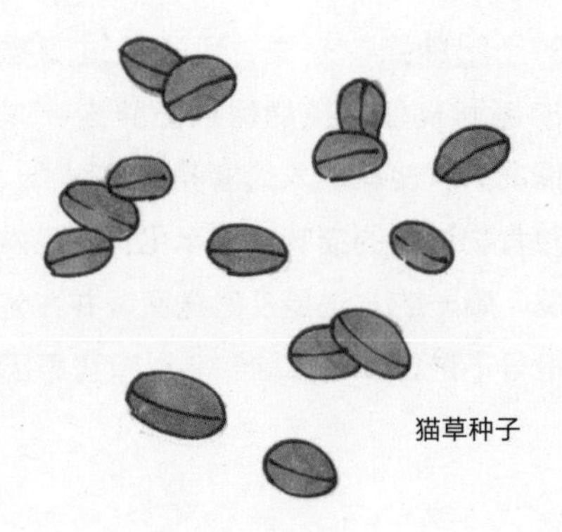

猫草种子

★猫草的种植方式

将猫草种子放入清水中浸泡3~5小时，然后放入已经准备好泥土的花盆中，将种子均匀铺开，再盖上一层泥土（泥土不要盖太厚），每天保持泥土湿润，预计猫草种子2~3天开始发芽。

饮食平衡

如果需要改变猫咪的饮食，必须要循序渐进，这样猫咪才能习惯和接受新类型的食物。一旦建立起猫咪喜欢的平衡饮食结构，就要坚持使用。注意频繁地变化饮食会使猫咪变得挑食，严重时还会使它拒食，直到主人给它想吃的食物。

额外所需食物

猫咪的饮食需求会根据不同时期有所变化。幼猫需要大量蛋白质、脂肪和热量来支持身体快速生长，这时需要喂食特殊配方的幼猫猫粮，以避免营养缺乏而造成健康问题。

怀孕的猫咪需要额外补充蛋白质和维生素，而在怀孕后期其食量会大大增加，营养需求也会增加，需要及时调整喂养方案。

年老的猫咪能量消耗较少，所以对饮食中的热量需求也相应减少，而且需要特殊食物来适应其较为虚弱的消化系统。

对于肥胖猫咪来说，可用经过宠物医生认可的减肥食谱，在能保证肥胖猫咪减轻体重的情况下，使其摄入的营养充足。

对食物过敏的猫咪极为罕见。一旦发生过敏情况，唯一的方法是及时送医，并在宠物医生的指导下进行食物筛除实验以查清原因。

生病猫咪的饮食

糖尿病猫咪的饮食

猫咪患糖尿病的原因与人类的相似，都是胰岛素分泌异常而导致的，当发现猫咪的饮水量和小便次数大幅度增多，体重却不停下降时便要及时就医了。糖尿病极易被主人忽视，如果错过最佳治疗时期并引起并发症，那么就难以治疗了。对于糖尿病猫咪，可定期注射胰岛素，减少食用碳水化合物含量较高的食物，控制猫咪体重，同时还需依医嘱治疗或给猫咪服用一些降低血糖的药物。

肠胃病猫咪的饮食

当猫咪由于不消化、食物过敏等引起呕吐、腹泻、便秘等时，主人不必过于担心，通过适当的饮食疗法即可恢复。主人可以根据猫咪的健康状况选择让猫咪在 4~24 小时内禁食，只饮用少量清水，开始进食时选择低脂肪、合适蛋白的流质食物，少量但多次进行喂养，以使猫咪肠胃逐渐适应。但如果猫咪出现持续呕吐、吐血、肠梗阻、腹胀、长期厌食等较为严重的症状，则需立刻与医生联系。

对于生病的猫咪，主人切不可随便用药，更不能将人用药品应用于猫咪，应待医生确诊后再实施治疗。此时应将猫咪放置于舒适的猫窝中，创造一个良好的休息和养病的环境。不要急于让猫咪吃东西，即便是平日里它最爱的食物，此时可能也无法引起它的兴趣，因此无须紧张。另外还要积极配合治疗、及时为猫咪补充水分、谨遵医嘱喂食、保持猫咪清洁才是身为主人最应该做到的事情。

第3章

了解猫咪的习性和行为

猫咪的耳朵会告诉你什么

放松状态

猫咪在放松、休闲，甚至打盹儿、睡觉时都不会将耳朵完全封闭，而是处于半警觉状态。它会将耳朵微微竖起，耳郭向外张开，接收来自四面八方的声音，并随时准备对危险的信号做出反应。

激动状态

当猫咪处于惊吓、恐惧之中时，耳朵会剧烈、明显地抽搐。这一状态在颠沛流离、时刻需要保持警惕的野猫身上较为常见，而生活环境比较稳定的家猫则很少会出现这种情况，除非家猫遭遇巨大变故产生心理问题。

警惕状态

猫咪会忽然对某样物品或某一动静做出警惕的反应，如同关注猎物般双目凝视，耳朵竖立并朝向令它感兴趣的位置。这一动作猫咪可以保持很久，即便在这期间其他方向产生了干扰噪声，猫咪也只是将耳朵略微扭转，没有太大的动静就不会轻易转移目光。

挑衅状态

猫咪在受到挑衅或感受到另一方的敌意时，会旋转耳朵，但不会完全压平，从正面可以看得到耳背。当准备出手时猫咪会将耳朵完全压平。

防御状态

在猫咪准备打架时，会将耳朵紧紧压在头上，呈防御状态。防止打架过程中被对方锋利的爪子划破。不过也有一种叫苏格兰折耳猫的猫咪，它的耳朵永远是压平在头上的，看起来像是每时每刻都在防御，这或多或少会影响它的“社交”。

猫咪的尾巴会告诉你什么

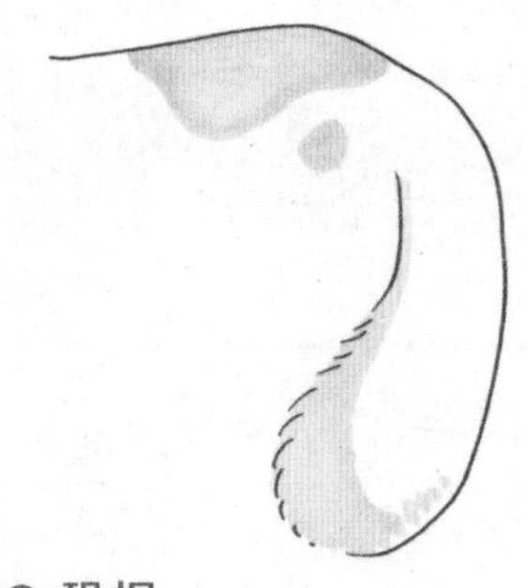

● 恐惧

尾巴放下夹在后腿之间，表明猫咪正处于恐惧中。

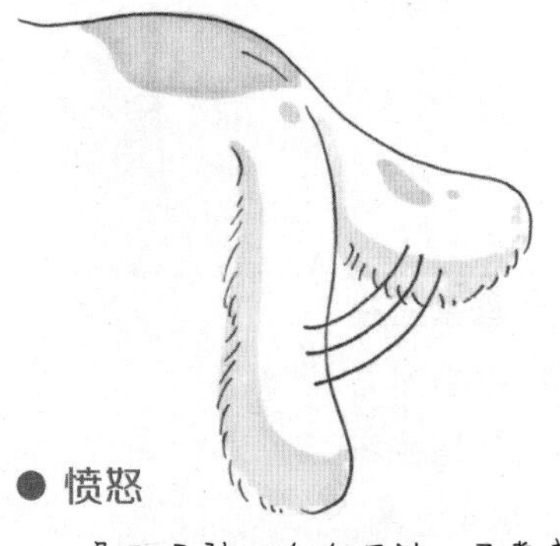

● 愤怒

尾巴猛烈地左右摆动，通常表明猫咪非常愤怒。

● 攻击

尾巴维持平直，而且毛发倒竖，这是猫咪发出的攻击信号。

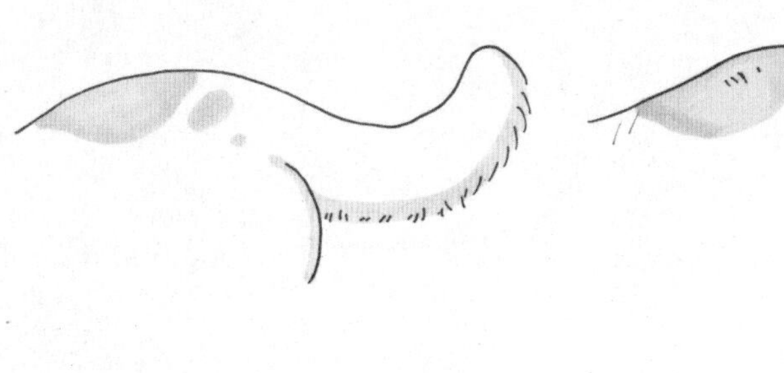

● 放松

尾巴微微往下弯，尾部末端上翘。这是一种猫咪慵懒、放松的表现。

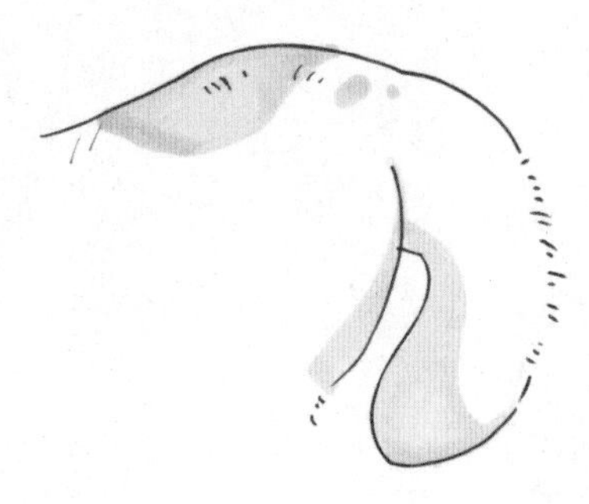

● 防御

尾巴拱起，而且毛发倒竖，这是猫咪发出的防御信号，如果被进一步挑衅，则可能发动攻击。倒竖的毛发让猫咪看起来体型更大，这是一种“变形模样”。

● 烦躁

尾巴末端摇动，表示猫咪处于烦躁状态。尾巴末端摇动得越有力，猫咪就越烦躁。

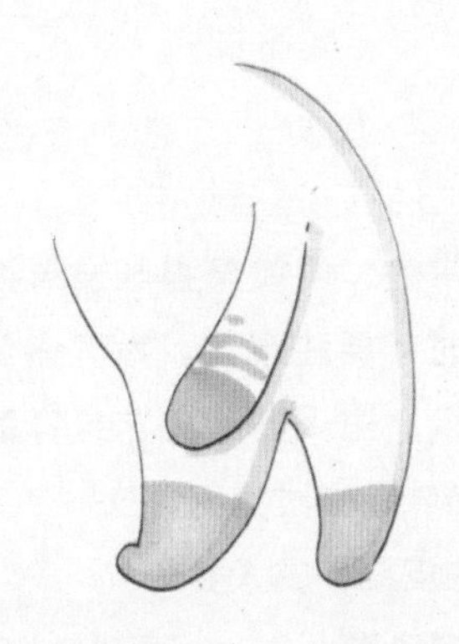

● 发情

母猫发情时会将尾巴维持在一侧，这是准备交配的信号。

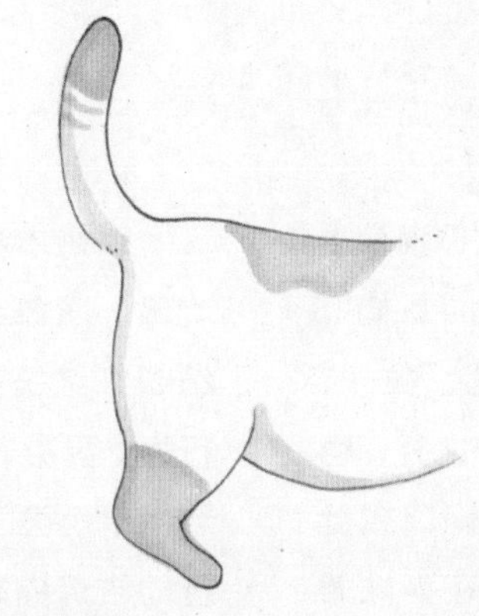

● 好奇

尾巴翘起并略微弯曲，表示猫咪开始对某事物感兴趣。

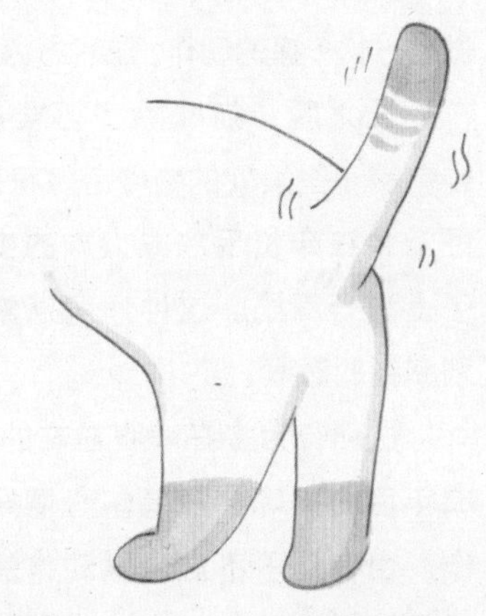

● 撒娇

大部分猫咪都喜欢与主人玩耍，当它想要得到主人的陪伴、抚摸，与主人嬉戏时，便会展开“撒娇攻势”，将尾巴翘得很高并走到主人身边，不断用身体磨蹭主人，或者直接跳到主人腿上，这都是它“撒娇”的信号。但有时也可能是因为肚子饿了而撒娇，尤其是在清晨。希望主人能够仔细观察并给予相应的回应，无视猫咪的撒娇可是会惹怒它的哟！

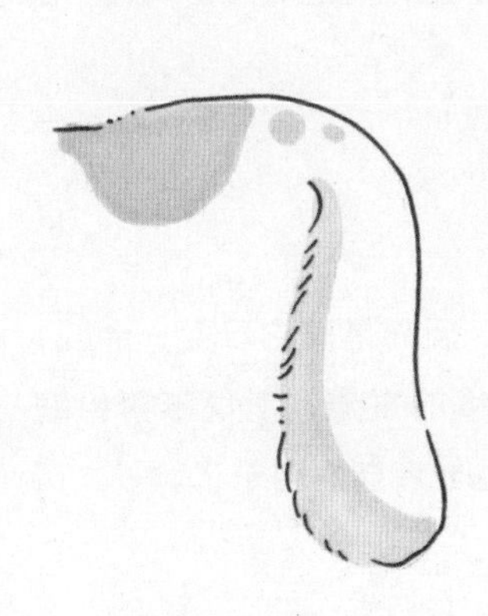

● 友善

尾巴保持自然下垂，表示猫咪比较友善，但有一点保留。

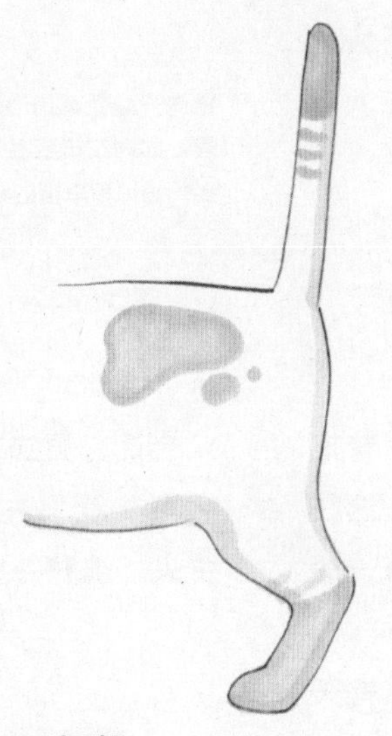

● 问候

尾巴完全竖直且末端僵硬垂直是猫咪热情问候的表现，且毫无保留。

踩奶动作

猫咪在幼年时期会经常用前爪在母猫身上做出一松一抓的动作，这种行为统称为“踩奶”。

长大后，猫咪除了可能在毛毯、被子、坐垫等一些柔软的物件上做踩奶动作之外，也经常会在穿着毛衣或大衣的主人的胸口或肚子上进行踩奶。这种情况通常发生在猫咪感到幸福的时候。

这种行为多在一岁左右的猫咪身上出现，成年后的猫咪会在偶尔心情好时做这样的动作，也有几乎不做这样动作的猫咪。还会有清晨跳到熟睡的主人身上“踩奶”、叫主人起床的猫咪。

踩奶本身是正常的，但如果猫咪发展至吮吸、啃咬纺织品时就要注意了。为了避免纺织纤维被猫咪吞入，主人要制止它这样的行为。另外，如果猫咪动作过猛而导致指甲伤害了主人的皮肤，主人要用行动告诉猫咪必须将动作放轻柔。

猫咪开始做踩奶动作的时候，通常是在它感觉特别幸福的时候，如同在母亲身边一般。就算是男主人，也能体验被当作猫妈妈那种幸福的心情哦！

打滚动作

猫咪有时会忽然跑到主人面前仰躺着把肚皮都露出来，并且滚来滚去地撒娇，这往往是一种典型的邀请玩耍的动作，猫咪一般只会在完全信赖的人或同伴面前才会这样做。如果主人平时经常陪伴猫咪玩耍，忽然有天忙于工作或其他事情而减少了对猫咪的关注，它便会主动来吸引主人的注意，尤其是在主人看书、读报、使用手机或电脑时。在猫咪眼中这些行为跟坐着不动没有区别，它便会开始自己的“撒娇表演”，如果主人无动于衷只会让它更加执着，反而是陪它玩耍一会儿，它可能就失去了继续的兴趣，很快不再纠缠主人，跑开去打盹儿或者自娱自乐了。

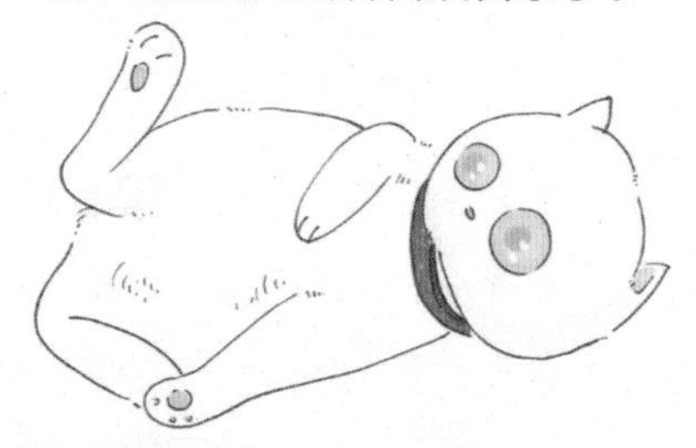

当猫咪闻到猫薄荷或木天蓼的味道而变得兴奋的时候，猫咪就开始自己的“滚滚舞”了。

为什么猫咪会将排泄物埋起来

猫咪掩埋排泄物的行为通常是一种爱整洁、卫生的表现。而很多宠物犬却没有这种行为，这也是猫主人为之骄傲的一点。

猫咪掩埋排泄物是为了减轻气味外露，避免引起竞争者或天敌的注意，同时也是一种体现“社会地位”的行为。根据调查野外猫咪的社交行为发现，地位较高的公猫不会掩埋自己的排泄物，反而还会在地势较高或瞩目的地方排泄，让气味飘散，以此来宣示领土主权。而家中的猫咪可能也受着主人或其他猫咪的“统治”，所以猫咪会掩埋自己的排泄物，这其实并不令人讶异。毕竟人类在体型上比它们更具优势，而且还完全掌控着猫咪的食物供应。

猫咪掩埋排泄物其气味也并不会完全被遮盖住，猫咪反而可以借着气味宣告自己的存在，但又不会传达出过多的威胁。

猫咪站起来向主人打招呼

与猫咪相比，人类体型庞大，猫咪几乎无法对人类进行和同类间进行的“磨脸问候”，所以大部分情况下它们只能磨蹭人类的脚或人类伸出的手。

因为用头部打招呼是猫咪的天性，所以在向人类打招呼时，它们通常会试图够到人类的面部，两只前脚同时举离地面，后腿挺直并将身体抬起。

这一行为是幼猫在向母亲打招呼时使用的，母猫会顺势低下头配合。

和所有的“磨蹭问候”一样，头对头接触是猫咪与主人共享气味的方式。有些猫咪为了向主人问候，会主动跳到接近主人面部高度的物体上，让自己更靠近主人，以便磨蹭主人的脸。

猫咪发出“呼噜呼噜”的声音

绝大部分猫咪主人都听到猫咪发出过“呼噜呼噜”的声音，而且通常是在猫咪享受主人的抚摸、满足地饱餐一顿、慵懒地晒太阳等心情愉悦的时候。所以发出“呼噜呼噜”的声音通常被视为猫咪表达幸福的方式，但并不是仅此而已，很多情况下猫咪都会通过“呼噜呼噜”声来展现各种不同的情绪，最常见的便是以下4 种。

① 猫咪刚出生便能发出“呼噜呼噜”声，这时可能是在与猫妈妈进行交流。由于猫妈妈往往需要同时哺乳好几只小猫，可能无法照看到每一只小猫，所以小猫通过“呼噜呼噜”声向猫妈妈发出自己已经喝到乳汁并感到非常满足的信号，猫妈妈接收到信号便会放下心来，而对于没有发出信号的小猫，猫妈妈就会特殊关照，有时猫妈妈也会发出“呼噜呼噜”声来回应自己的宝宝，让它们安心。

② 猫咪感觉心情舒畅时通常会用“呼噜呼噜”声来表达。特别是主人以猫咪最爱的手法去轻挠或抚摸猫咪时，它便会陶醉地眯起眼睛，并发出“呼噜呼噜”声，神奇的是，这种声音往往能给主人带来极大的治愈效果。研究证明，猫咪发出的“呼噜呼噜”声可以舒缓人们紧张的情绪，使人们从心理和生理上都得到放松。由此可见，当主人令猫咪感到满足的同时，它也在以自己特殊的方式回馈主人。

③ 当猫咪对主人有所要求时也会发出“呼噜呼噜”声，例如渴望与主人一起游戏或想要吃饭的时候。这时的“呼噜呼噜”声会比表达满足时略大一些，以此来引起主人的注意，从而达到自己的目的。猫咪的绝技在于不论是吸气时还是呼气时都可以发出“呼噜呼噜”声，而且可以持续很长时间，这一点不仅其他大型猫科动物无法做到，连人类都不能做到，但猫咪的这种本领却与生俱来，即便是喝奶时，嘴巴被乳汁填满，猫咪照样可以发出“呼噜呼噜”声。

④ 如果你认为“呼噜呼噜”声都是在表达正面情绪那就错了，因为当猫咪身体疼痛、心里害怕时也可能发出这种声音。研究认为“呼噜呼噜”声可以缓解猫咪的恐惧心理，起到一定的安慰作用，从而使它能够更快地恢复健康，因此主人需要仔细分辨猫咪的“呼噜呼噜”声，避免因理解错误而耽误了疾病的治疗。

为什么猫咪会专注地看电视并发出叫声

在主人看电视的时候，有时猫咪会跟着坐在电视前，并且非常专注地看着屏幕。猫咪虽无法理解内容，但是会被画面中的动作和声音所吸引，所以会时不时地伸出爪子摸摸电视或者叫两声。

- 喜欢竞赛类节目

被电视中运动的东西所吸引。

- 喜欢自然节目

自然界中的鸟叫声和风吹动树叶的声音可能会让猫咪感受到狩猎的气氛，从而使它变得兴奋。

- 喜欢待在电视机上

猫咪认为处于高处会比处于低处位置的同类更具优越性。

- 呼喊主人

希望与主人玩耍。

不良行为问题

进攻

有些猫咪在同主人玩耍时，可能会因为过于兴奋或者主人的某些抚摸其腹部和臀部的动作引起了它的不适，从而想要抓咬主人。这时要立即停止，换成玩一些比较温和的游戏，或者给它一个可以啃咬的玩具。

当猫咪身体受病痛折磨时也可能会没缘由地攻击主人，这种时候要及时带猫咪去宠物医院进行诊治。而一些幼年时期受到过虐待和欺凌的猫咪会对人类存有较高的警惕，这时就需要主人耐心地引导其放下戒心。

啃咬和抓挠

猫咪喜欢啃咬和抓挠一些非食品类的东西，首先要排除它们体内缺乏某种物质的可能性；然后逐步寻找原因——是感到无聊，还是喜欢毛毯的质感、声音或衣服的味道等；最后采取措施让猫咪改掉这一恶习，将毛毯或衣物放在它无法接触到的地方，将衣服放在衣柜内，并保证衣柜门和房门关好，提供猫草来满足猫咪啃咬东西的欲望，在猫咪试图啃咬毛毯或衣服时用玩具或游戏吸引它的注意力，使其逐渐不再对毛毯或衣服等感兴趣。

到处撒尿

猫咪的动物属性决定了它想要保护自己地盘的本能。一般来说，当搬入新家或家中环境发生改变时，猫咪会产生一定的焦虑情绪，为了适应新的环境它会用自己的气味来做记号，可能是在各种物品上摩擦身体来留下气味，也可能是在墙边、家具上小便来宣示主权。这种行为不分公母，但未经绝育的公猫做记号的概率更大。

为了让猫咪停止随处做记号的行为，主人可以采取以下几点措施。

①使用清洁剂将猫咪留下的记号和味道完全清除掉，让它意识到这里不是小便的地方。

②限制猫咪的活动范围，只允许它在有食盆、水盆和猫砂盆的房间内活动。

③在猫咪喜欢做记号的地方喷洒一些柑橘味的喷雾剂，这是猫咪非常讨厌的一种味道。

④使用全新的猫砂盆和猫砂，重新帮助猫咪建立排便习惯。

⑤要有足够的耐心，避免对猫咪打骂，否则会令它更为紧张，做记号的行为甚至会变得更加频繁。

⑥给猫咪进行绝育手术。

⑦非常严重的情况下可适当给猫咪做药物治疗。

不在猫砂盆中排泄

猫咪不在猫砂盆中排泄的原因可分为两种。

①猫咪在身体不舒服的情况下排泄时，会误认为是猫砂导致的身体不舒服，因而会在猫砂盆外排泄。这种情况下需要带猫咪去宠物医院进行诊断和治疗。

②换了新猫砂，猫咪可能不喜欢新猫砂，所以一定要按时清理猫砂，慢慢地加入新的猫砂进行替换，以让猫咪适应。

在猫砂盆以外的地方排泄

对于猫咪不使用猫砂盆的行为，首先要搞清楚猫咪是否已经学会了使用猫砂盆。要知道这项技能并非天生的，而是小猫在约 1 个月大时从猫妈妈那里学会的，如果小猫尚未学会使用猫砂盆便离开了猫妈妈，那么主人就要担负起这一“教育任务”，这里提供几点建议，以帮助猫咪更快适应猫砂盆。①准备一个能够轻松进出、边沿较低的猫砂盆；②将猫砂盆放置在卫生间、阳台等地方；③在猫咪睡醒、饭后时将它放到猫砂盆中，并留它自己待在猫砂盆中；④保持猫砂盆干净。

如果是会使用猫砂盆的猫咪忽然开始在其他地方排泄，那么可能是以下几种情况。

①猫咪的健康出现了问题，如尿路感染、肠道存在寄生虫等。

②猫砂盆里或周围的环境太脏。

③猫咪不适应或不喜欢新的猫砂。

④猫砂盆被放在了食盆、水盆旁边或其他嘈杂位置。

⑤搬家或家中布置更换等。

⑥家中增加了其他宠物等新成员。

⑦猫咪步入老年期。主人可以根据具体情况排查原因并进行相应的改善。

喜欢咬塑料袋和衣服

猫咪喜欢啃咬一些非食品类的东西，如塑料袋、衣服。首先要探究它们体内缺乏某种物质的可能性；然后逐步寻找原因，了解猫咪是感到无聊，还是喜欢塑料袋的质感、声音或衣服的味道等；最后采取措施让猫咪改掉这一习惯，将塑料袋放在它无法接触到的地方，将衣服放在衣柜内，并保证柜门和房门关好，另外可提供猫草或玩具来满足猫咪啃咬东西的欲望。在猫咪试图啃咬塑料袋和衣服时用玩具或游戏吸引它的注意力，使其逐渐不再对塑料袋和衣服感兴趣。

在房间内做记号

猫咪有保护自己地盘的本能。一般来说，当搬入新家或家中环境发生改变时，猫咪会产生一定的焦虑情绪，为了适应新的环境它会用自己的气味来做记号，可能是在各种物品上摩擦身体留下气味，也可能是在墙边、家具上小便来“宣示主权”，这种行为不分公母，但未经绝育的公猫做记号的概率更大。

为了让猫咪停止随处做记号的行为，主人可以采取以下几点措施。①使用清洁剂将猫咪留下的记号和味道完全清除掉，让它意识到这里不是小便的地方；②适当限制猫咪的活动范围，让它在有食盆、水盆和猫砂盆的房间内活动；③在猫咪喜欢做记号的地方喷洒一些柑橘味的喷雾剂，因为柑橘味是猫咪非常讨厌的一种味道；④使用全新的猫砂盆和猫砂，重新帮助猫咪建立排便习惯；⑤要有足够的耐心，避免打骂猫咪，否则会令它精神更为紧张，做记号的行为甚至会变得更加频繁；⑥带猫咪做绝育手术；⑦非常严重的情况下可适当给猫咪做药物治疗。

不喜欢水盆里的水

猫咪是一种对气味十分敏感的动物，加之天生的好奇心，它对自己的食物和食盆、饮用水和水盆、猫砂和猫砂盆等都非常挑剔，一旦感觉不符合要求，便会出现“宁可不用，也不将就”的情况。在饮水方面，若猫咪喜欢新鲜的水则不会喝放置了一天的水，若猫咪喜欢流动的水便不容易再喝水盆里的水，若猫咪喜欢厨房水槽或洗脸池残留的积水便会经常去舔舐。因此首先要弄清楚猫咪喜欢的是哪一种再去投其所好。更换水盆，换成外观闪亮的材质的水盆也许就会重新赢回猫咪的芳心，或者可以购买流水型水盆。如果猫咪执着于舔舐水槽或洗脸池的积水，那么只能时刻注意这两处的卫生情况，避免猫咪因吞入污水而生病。

半夜发出叫声

身体健康的猫咪在半夜发出叫声一般有两个原因。①猫咪进入了发情期，为了寻找或吸引伴侣，对此能做的就是尽快为猫咪实施绝育手术，最好是在它 5~6 个月大的时候进行；②猫咪衰老，从生理到心理都会出现无法自我控制的异常情况，如睡眠增加、体力衰弱、疏于自我清洁、进食口味改变、随处大小便等，毫无由来的半夜乱叫也是表现症状之一，主人除了要耐心对待猫咪之外，也可以咨询医生应如何处理。

半夜拍打主人或早上吵醒主人

猫咪基因中“夜行性”的特点是无法改变的，它们特殊的视力结构专为夜间捕猎进化而来，即便已经是被世代驯化或家养的猫咪也会保留其野生习性，加之白日里主人通常不在家中，猫咪有充足的时间养精蓄锐，到了晚上自然活力无限。对于热衷夜间活动的猫咪，主人可以采取两种办法。①猫咪看似会整晚无休止地闹腾，其实它的耐心和精力是有限的，如果能够在睡前让其淋漓尽致地玩耍 30 分钟左右，使它完成“捕猎的使命”，它则可能会心满意足地去休息了；②如果猫咪实在太热衷于夜间活动，那么关上卧室的门，把客厅留给它去自由发挥可能是最佳的解决办法。

猫咪早上吵醒主人最常见的原因就是肚子饿了，只能通过拍打、吵闹、舔舐主人来唤醒主人，以获取食物。主人可以尝试推迟前一晚喂食的时间或使用自动喂食器来解决这一问题。

不喜欢和别的猫咪一起进食

猫咪天生对周遭环境十分敏感，当家中有两只或更多的猫咪时，很可能会出现各种意外情况。如果是有新的猫咪加入，那么不论是原来的猫咪还是新来的猫咪，两者都会有所戒备。也许是原来的猫咪试图捍卫自己的地盘而对新来的猫咪进行“恐吓”，也许是新来的猫咪性格粗暴对原来的猫咪形成威胁，这都会造成它们无法和睦相处。最典型的表现就是不愿一同进食、共用水盆、共用猫砂盆或猫窝等。如果是本来和睦相处的猫咪忽然不愿一起进食了，那就需要主人细心观察猫咪是否生病了，猫咪是否在进食过程中被其他猫咪惊吓或抢食，猫咪是否平时就很畏惧其他猫咪。在排除了生病的情况下，可以暂时将猫咪与其他猫咪分隔开，为它安排单独的房间进食、活动和居住，等它从紧张、畏惧的情绪中缓和过来，再慢慢安排它与其他猫咪相处。

与新来的猫咪性格不合

猫咪自古以来就不是群居动物。家养猫咪不必为衣食起居担心后，不再对猎物、地盘具有强烈的占有欲，从而能够逐渐接受与其他猫咪共同生活，但如果能够在猫咪刚出生到两个月大的时候，就有其他猫咪一直和它在一起，那么它通常会接受这一事实并建立和谐共处的关系。如果猫咪是独自长大的，成年后又有新的猫咪加入家庭，那么很大概率上它们是无法立刻和谐相处的，这是很正常的情况，而且新加入的猫咪也有可能很难接受原来猫咪的存在。建议首先将新来的猫咪单独安置在一个房间之中，使两只猫咪通过声音、气味来逐渐适应对方的存在；几天后，将新来的猫咪装进猫笼后与原来的猫咪见面，试探两者的反应，如果气氛还不错，那么打开猫笼使它们正式开始相处，如果出现了相互攻击或某一方出现畏惧的情况，就继续隔离喂养一段时间后再次进行尝试；最后倘若如何尝试都无法让猫咪们和睦相处，那么主人也不要为难和谴责猫咪，可以将其分开喂养。

猫咪的怀孕与生产

猫咪的怀孕期通常是从母猫停止发情之日开始算起，一般在 65 天左右。需要注意的是长毛猫的怀孕期略长，短毛猫的怀孕期略短，但相差不会超过一周。

发情的母猫

母猫一般一年中会有 2~3 次的发情期。母猫在发情期的中末期就可以受孕，交配成功后的一周左右就会结束发情期。如果在此期间没有交配成功，那么它这次的发情期将持续两周多，而下一次的发情期常常在几周后又开始。

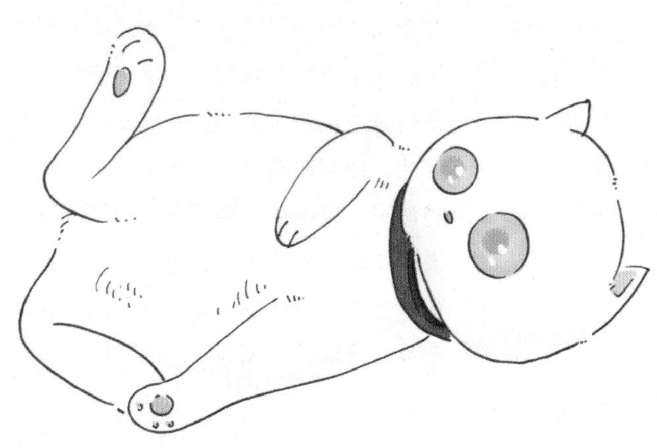

● 发情时的表现

一般发情的母猫会不停地在地上打滚，有时候甚至会源源不断地发出信号以引起关注。如果在这时有对象出现，它马上会表现出交配的欲望，蜷缩身体，弯曲脊柱和腰椎，把尾巴翘起，屁股向上撅起，后腿使劲踩着地面，做出准备交配的姿势。母猫在寻找可以交配的对象时，会用哀怨低沉的声调向着公猫大声叫喊，以引起公猫的注意。

母猫发情的时候，公猫不会被动地等待。除了母猫的叫声，空气中弥漫的母猫在交配期特有的气味也会为公猫指引寻找母猫的方向。公猫甚至可以接收几千米以外的母猫发出的“求爱信号”。一只发情期的母猫周围会聚集很多公猫，公猫们甚至会为了“争夺”一只母猫而虎视眈眈，打得不可开交。

不管公猫如何努力，选择交配对象的始终是母猫。它们选择的不一定总是最强壮、最漂亮的公猫，相反，可能是那种不太显眼却能常常给予母猫关爱的公猫。

猫咪受孕和生产

在母猫怀孕初期，其外观和行为几乎没有什么变化。而一段时间以后母猫的肚子就会开始显现出来，乳头开始变得坚实且颜色逐步变深。

怀孕期间的母猫需要亲近和安慰。它可能不再到处攀爬或进行剧烈的运动。胃口会越来越好，体型也会越来越大。这时需要为母猫提供一些营养价值更高的食物。

即将生产的母猫会在房间内寻找适合生产的地方，这时主人可以为它在安静、卫生的角落布置好“产房”，让其安心生产。

母猫生产时会有血水和其他液体从身体里流出，为防止将“产房”弄脏，可以垫上毛巾等能够及时更换的物品。同时主人要注意给母猫保暖和保持空气流通。

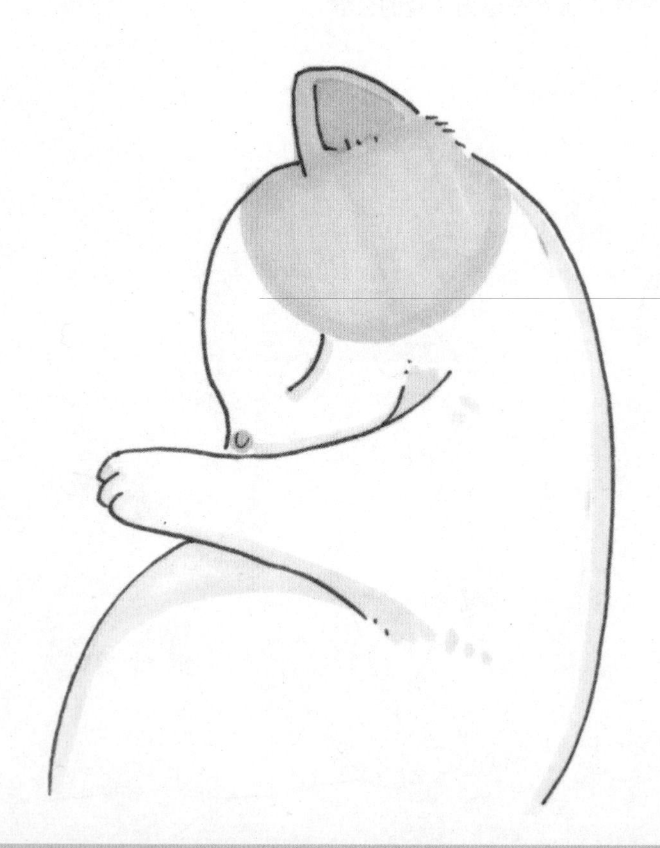

新生猫咪的到来

母猫会根据本能完成生产，主人无须过度关注，以免让猫咪情绪紧张。但有少数的猫咪会在生产过程中遇到问题，如果猫咪生产时遇到问题或主人害怕猫咪难产，可以尽快联系宠物医生来家中助产，以免猫咪发生意外。一般母猫的生产时长为1~6小时，但如果2小时内还未产出1只幼崽，则需要宠物医生助产。

母猫在顺利产下第一只幼崽时，通常会趁休息时间用舌头和牙齿将包裹在幼崽身上的胎膜舔掉并将其腹部的脐带咬断，然后将幼崽舔干净。如果母猫没有咬断幼崽的脐带，就要用消过毒的剪刀在幼崽肚脐前3厘米左右的地方剪断脐带，然后将剪断的地方压紧、止血。

母猫生产幼崽时，几乎同时将胎盘排出，也有的会在几个小时内排出，排出后才算是生产结束。这时母猫身体会很虚弱，主人需要及时给它补充营养价值高的食物来帮助其恢复体力，进而使其更好地分泌乳汁。

初生猫咪

小猫刚出生的时候是看不到任何事物也听不到任何声音的，需要依靠猫妈妈的照顾。猫妈妈会在小猫的肛门处舔舐，以刺激它们排泄。

刚出生的小猫会根据气味来寻找猫妈妈，并准确地找到猫妈妈的乳头位置。而小猫在出生后的约 6 周内是无法调节自身的体温的，一旦远离猫窝就会有失温死去的风险，所以它们会在触碰不到其他兄弟姐妹和猫妈妈时发出尖细的叫声，以此来吸引猫妈妈的注意，便于猫妈妈及时发现并将其带回猫窝。

猫妈妈会在生产完小猫后不久分泌乳汁。乳汁内含小猫需要的抗体，可以帮助其增强免疫力。当然也有个别母猫出现奶水不足的现象，为了小猫能够健康长大，主人可以购买专用的幼猫奶粉和喂奶器进行人工喂养。

小猫出生后的第 4 周开始，它们会互相玩闹、追逐、扭打在一起。猫妈妈在这个阶段也会被它们当作玩耍的对象，可能会遭受激烈进攻。只有当小猫们玩闹过头的时候，猫妈妈才会发出声音来制止它们。

一般当小猫成长到一个月大时，猫妈妈的乳汁会出现短缺的现象，并很快会停止分泌。通常在小猫慢慢长出尖尖的牙齿后，猫妈妈就会拒绝哺乳。小猫的尖牙可能会在小猫吃奶时弄疼猫妈妈。从这时开始，就可以尝试着给小猫吃一些柔软的猫粮了。

适合猫咪的玩具

猫咪需要进行日常活动来消耗体内能量，只有这样才能保持身体健康。进行日常活动不仅可以让猫咪得到锻炼和满足，也可以增进猫咪和主人之间的感情。同时，如何选择适合猫咪的玩具尤为重要，下面就为大家介绍几种市面上常见的猫玩具吧！

球类玩具

球类玩具通常是由橡胶或塑料制成，质地结实且有一定的弹力，有的球类玩具表面有着各种凸起圆点或其他图案，可以起到很好的磨牙和洁牙作用。选购时应注意这类玩具使用的必须是无毒环保胶水，否则可能危及到猫咪的安全。另外，这类玩具除了球状，市面上还出现了小鱼、小老鼠等形状，还在其中置入了铃铛，使猫咪玩耍过程更为有趣。

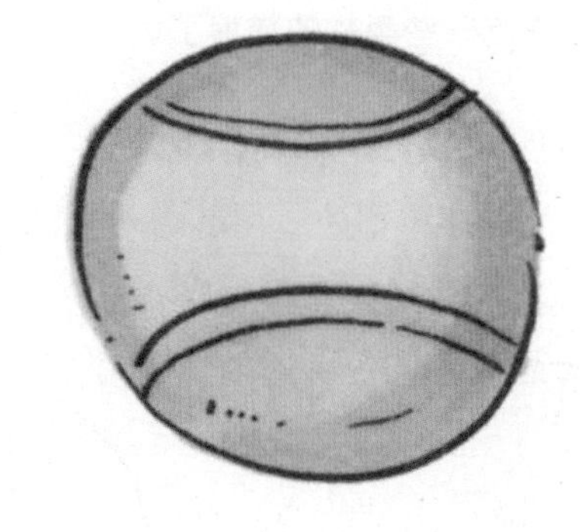

老鼠玩具

老鼠玩具一般是采用条绒布料制成，不论是粗条绒还是细条绒，表面的凹凸材质都能起到清洁猫咪牙齿的作用。其中还填入了蓬松的棉纱使啃咬质感更佳，部分老鼠玩具中还会加入猫薄荷，令猫咪更为喜欢。同时，老鼠玩具也能激发猫咪的狩猎感。

弹性绳玩具

一般是在塑料或木质的条形棒顶部拴有带有弹力的绳子，在绳子的末端挂有具有洁齿功能的玩具或羽毛。这需要主人“协同操作”陪猫咪玩耍，可训练猫咪的反应能力和弹跳力。

隧道玩具

隧道玩具是将可活动的球体放置在隧道里的玩具，由猫咪进行拨动，使球体在里面绕圈旋转，吸引猫咪的注意力。

第4章 猫咪的日常清洁和护理

猫咪护理的基础工具

梳毛工具

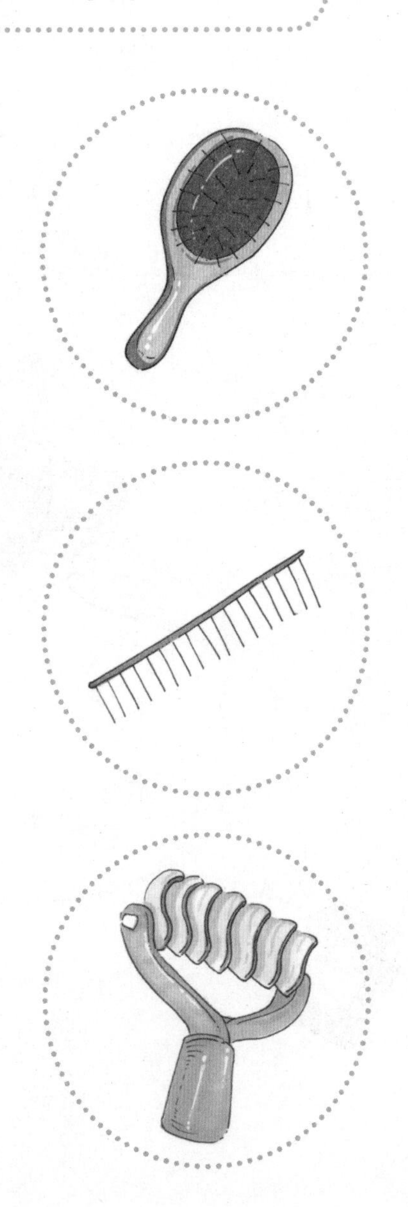

● 圆梳

圆梳分为短毛款和长毛款。适用于短毛猫的短毛款圆梳的梳齿较粗且间距较大，由于更容易触及猫咪的皮肤，所以梳齿的顶部都设计了较大的圆形保护头；适用于长毛猫的长毛款圆梳的梳齿较细且间距较小，顶部的圆形保护头相对较小，便于对猫咪长长的被毛进行细致的梳理。

● 排梳

排梳的梳齿一般较短，间距或宽或窄，适合用于将打结的毛发理顺。在给长毛猫梳毛前，通常会用排梳先将毛结理顺。

● 长毛猫褪毛梳

顾名思义，长毛猫褪毛梳是专用于给长毛猫进行褪毛和清除浮毛的梳子。由于长毛猫毛发较长，因此该梳子的梳齿较长，可以清理到被毛的深处，同时能起到一定的按摩和促进皮肤新陈代谢的作用。

● 亮毛梳

亮毛梳一般为刷子状，由猪鬃毛或其他动物毛发制成，刷毛较软且有一定的韧性，不会伤害猫咪的皮肤。对短毛猫和长毛猫都可以放心使用亮毛梳，而且长期使用亮毛梳还能提升毛发的光泽度，是猫咪美容不可缺少的工具。

● 针梳

针梳的梳齿为细针，针头一般为弯折状，常为长毛猫专用，可以很好地清理猫咪被毛深层的浮毛、皮屑和其他杂物，但使用时不能太过用力，避免伤害到猫咪娇嫩的皮肤。

● 刷毛手套

刷毛手套通常由橡胶制成，一般为短毛猫专用，短且有弹性的梳齿能够同时起到梳理毛发和清理浮毛的作用。将它套在手上为猫咪刷毛还可以培养人和猫咪的感情。

猫咪洗澡工具

猫咪专用沐浴露

猫咪是一种非常爱干净和擅长自我清洁的动物。猫咪的皮肤很薄，也很脆弱，因此无须经常给猫咪洗澡，尤其是家中比较干净的情况下，3~6 个月洗 1 次澡即可。比较容易招惹灰尘的长毛猫可以根据自身情况适当地缩短为 1~2 个月洗 1 次澡，平时只需对猫咪的特定部位，如爪子、肛门等部位进行清洗。洗澡或清洗特定部位时一定要使用猫咪专用沐浴露，切勿图方便而使用人用沐浴露，因为即便是非常温和的婴儿沐浴露也会对猫咪皮肤产生一定的损伤，使其皮肤出现过敏现象。

洗澡盆

对害怕听到水龙头或花洒放水的声音的猫咪，可以使用洗澡盆为猫咪洗澡。提前准备好温度适宜的热水，可避免在洗澡过程中加水而引起猫咪恐惧。

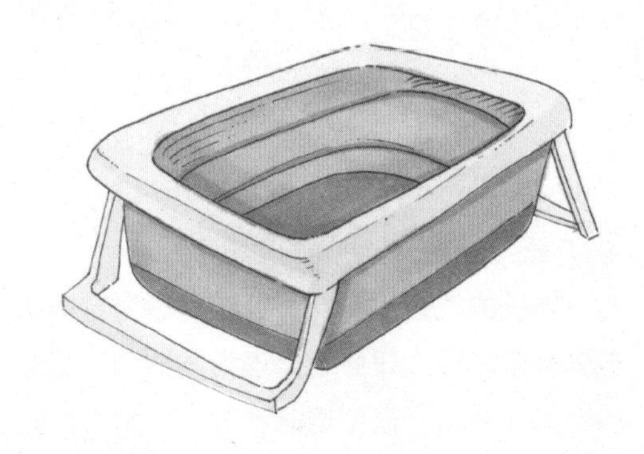

大水杯

涂抹沐浴露后猫咪身上会产生大量泡沫，此时需要使用大水杯来冲洗，避免猫咪将泡沫弄得到处都是。最好选择带有手柄和导流口的大水杯，方便握持和控制水流，避免使用有强劲水流的花洒。

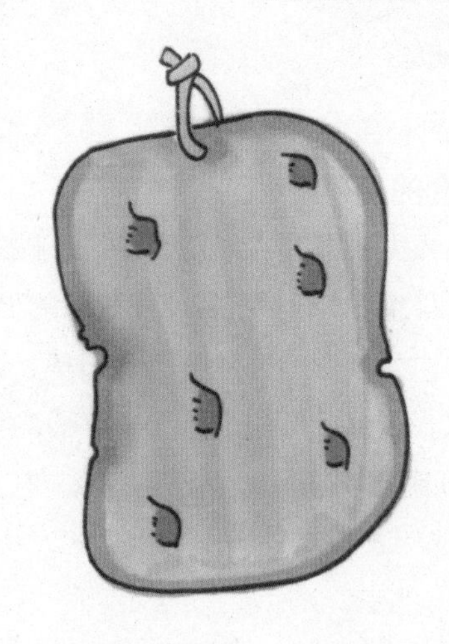

● 海绵块

给猫咪洗澡时最好不要使用普通的毛巾，可以选择一块大小适中、柔软细密的海绵块。在清洗的过程中使用它可让猫咪更加放松，从而减少猫咪对水的恐惧。也可以使用女性洗脸使用的洁面扑，但切忌混用。

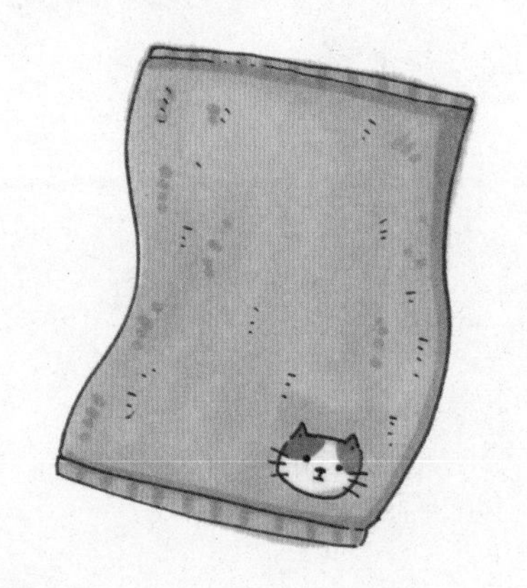

● 浴巾

由于猫咪在毛发潮湿的状态下极易生病，因此给猫咪洗完澡后需要用吸水毛巾吸干表面水分，再用浴巾将猫咪裹住并充分擦拭猫咪的毛发。注意最好给猫咪准备单独的浴巾，避免与主人的共用。

● 吹风机

使用浴巾擦掉猫咪毛发上的大部分水分之后，还需要用吹风机吹干，因为毛发内部和皮肤上的水分不易被浴巾吸收，所以使用吹风机很有必要。使用吹风机时请主人先试一下出风的温度，温度不宜过高过低或忽冷忽热，使用吹风机时也不宜贴紧猫咪的皮肤，更不能对着猫咪的眼睛、鼻子、嘴巴。现在也有专门为猫咪设计的专用吹风机，噪声小，风力可调节，避免猫咪应激。

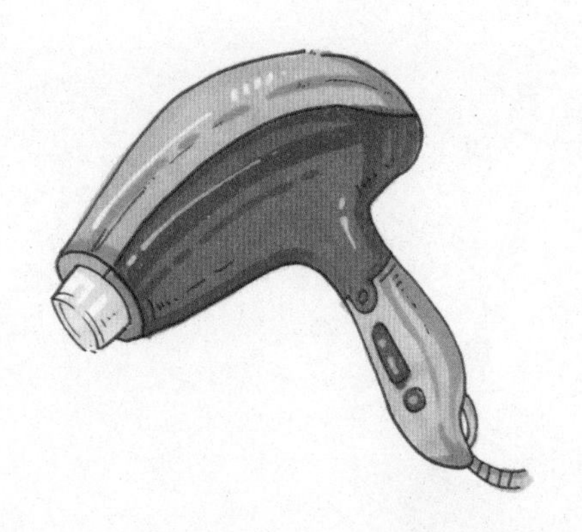

猫咪护牙工具

尺寸适合的牙刷

猫咪与人类一样，也会患牙周炎、牙龈炎、口腔炎等牙科疾病，包括经常吃湿猫粮的猫咪，患病概率更大。患病的猫咪会出现口臭、进食痛苦等症状，因此定期刷牙是非常必要的，一般建议 2~3 天刷 1 次牙。

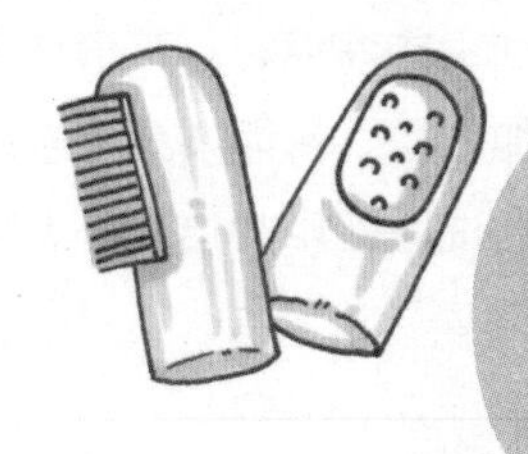

指套牙刷

指套牙刷一般采用食品级硅胶制成，刷毛十分柔软。指套牙刷上凸起的圆点还可用于清洁猫咪的舌苔。指套牙刷戴在手指上使用非常方便。

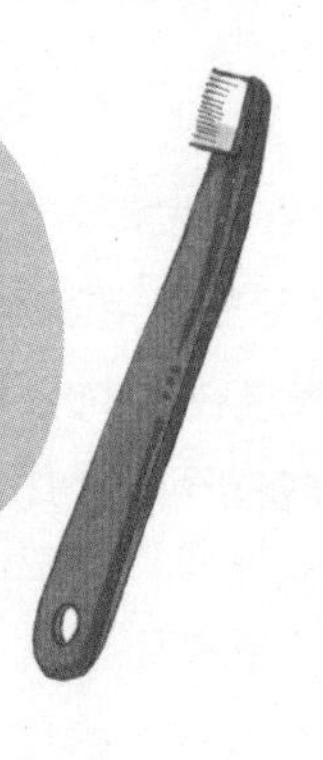

普通牙刷

猫咪使用的普通牙刷的造型与人用牙刷类似，但手柄更长、刷头更小，便于主人拿握使用。

尖头牙刷

尖头牙刷的刷毛略硬，专门用于清洁猫咪牙齿深处的缝隙，还可以将牙齿上的牙结石磨掉。

360 度牙刷

360 度牙刷的刷头为圆柱形，环绕刷头一周的刷毛能够更全面地清洁猫咪牙齿，但体积略大，可能无法刷到较小的缝隙。

洁牙布

猫咪专用洁牙布上含有摩擦剂和表面活性剂，无须使用牙膏。也可以采用普通棉质医用纱布代替。将洁牙布做成指套形状，可免除主人缠绕洁牙布和洁牙布容易脱落的烦恼。

● 猫咪专用牙膏

猫咪专用牙膏富含生物酶，可以很好地清洁猫咪牙齿上的食物残渣、污垢和细菌，有些牙膏中还添加了少量的植物除臭剂，可缓解猫咪口臭。为了让猫咪能够更好地接受牙膏，可以选用牛奶香味或其他味道的牙膏，使用牙膏后不必漱口，因为猫咪专用牙膏是可食用的，千万不能给猫咪使用人用牙膏。

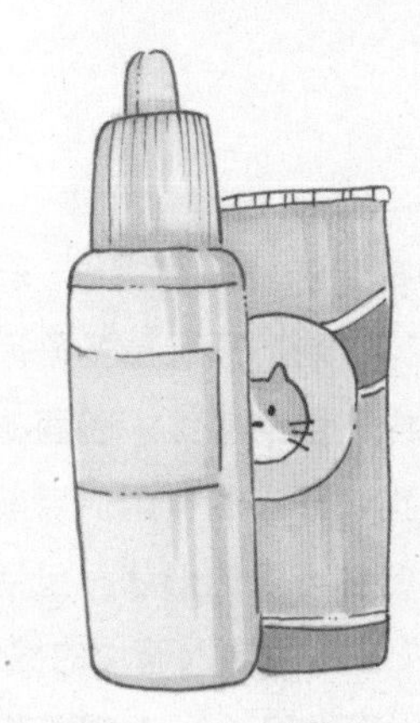

● 其他护牙玩具

①磨牙玩具

磨牙玩具通常由橡胶或塑料制成，质地结实且有一定的弹性，有球体、圆柱体和小鱼等各种形状。磨牙玩具表面的各种凸起圆点能起到很好的磨牙和洁牙作用。有的磨牙玩具内嵌发声装置，按压便会发出有趣的声音，以此来吸引猫咪反复啃咬。

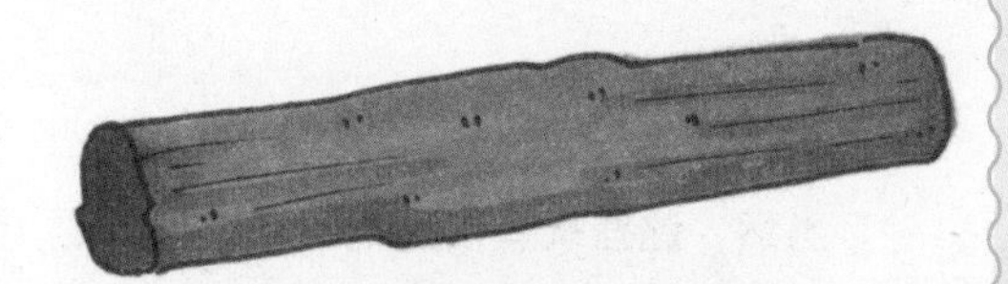

②磨牙木棒

猫咪使用的磨牙木棒一般由木天蓼根茎制成，其含有猕猴桃碱等成分。磨牙木棒能磨牙洁齿和清新口气。第一次使用时可将木棒表皮削去，使用一段时间后可以再削去一层直至无法使用。

③布制洁牙玩具

布制洁牙玩具多采用条绒布料，不论是粗条绒还是细条绒，表面的凹凸材质都能起到清洁猫咪牙齿的作用。目前市售的布制洁牙玩具有各种可爱的形状，包括水果形状、动物形状等。在其中填入蓬松的棉纱可使啃咬质感更佳，部分玩具还会加入猫薄荷，令猫咪更加喜欢。

④绳球玩具

在圆形石粒上缠绕密密的剑麻绳来吸引猫咪玩耍，啃咬的过程中剑麻绳会起到洁齿作用。由于剑麻绳需要粘在石粒上缠绕，因此选购时必须注意该玩具使用的要是无毒环保胶水，否则可能危害猫咪的生命。另外，这类玩具除了有球状，还有小鱼、小老鼠等形状，有的玩具内还置入了铃铛，可使玩耍过程更为有趣。

当然，这些玩具仅是辅助和增加互动，要想更好地保持猫咪口腔健康，还是建议给猫咪刷牙。

猫咪耳部清洁工具

● 洗耳液

猫咪耳道分为垂直耳道和水平耳道，特殊的结构导致污垢容易堆积且清理困难，因此一般不会直接使用工具去清理，而是将洗耳液灌入猫咪耳道后按摩 2 分钟左右由猫咪摇头甩出。市售的洗耳液多种多样，既有满足日常护理所需的，也有针对不同耳部疾病的治疗的，在选择时可根据猫咪情况而定。如果猫咪的耳部已经出现病症表现，应尽快带猫咪去医院就诊并根据医生的推荐购买洗耳液。

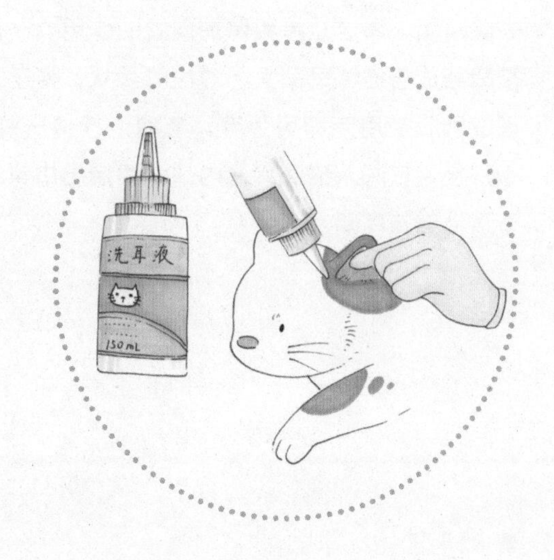

● 清洁棉棒

猫咪专用的清洁棉棒的棒身与普通棉棒不同，为管状棒身，管内含有洗耳液，两头均包裹棉球。将带有红线的一头的棉球掰断之后，洗耳液就会被另一头的棉球吸收，待管内液体流至棒身一半处即可使用。需要注意的是，最好不要使用棉棒清理猫咪耳朵深处，一则猫咪会恐惧和反抗，二则可能会损伤猫咪的耳道和鼓膜等。

● 清洁湿巾

清洁湿巾采用柔软的无纺布制成，通常有去除耳垢、清洁止痒和保护皮肤的作用，一般被裁剪成与猫咪耳朵大小对应的片状，便于主人拿取，使用完即可丢弃。与清洁棉棒一样，不宜使用它深入猫咪耳朵内部。清洁湿巾常用于清洁猫咪耳郭。

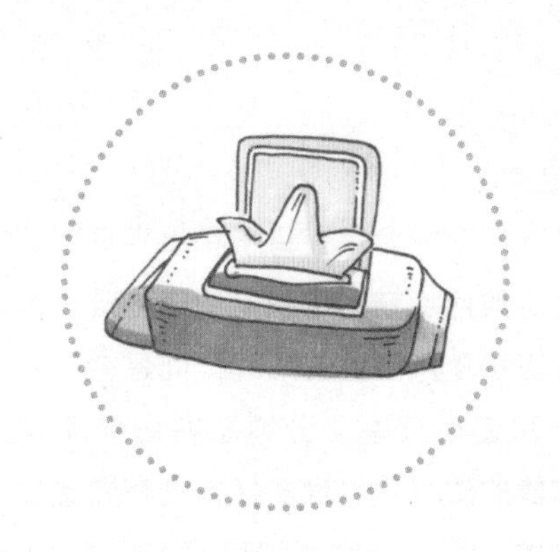

修剪小工具

● 剪毛工具

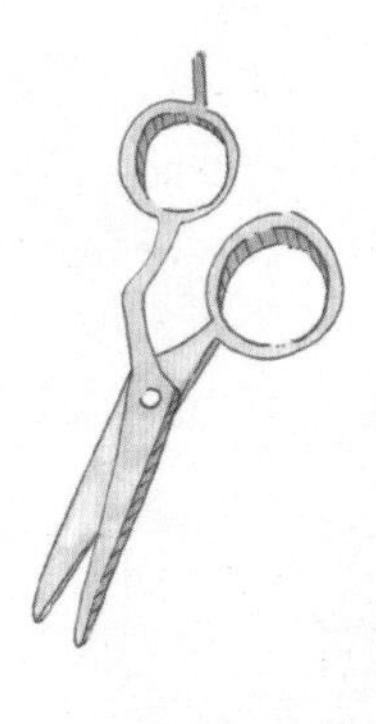

平剪

平剪也叫直剪，是所有剪刀中最普通、也最常用的一种，适合修剪猫咪的身体和腿部等较为平直的部位的被毛。

弯剪

弯剪的刀刃具有一定的弧度，根据弯曲的方向分为上翘剪和下翘剪，弯曲弧度一般在30度左右，适合修剪猫咪面部和腋下等部位的被毛。

牙剪

牙剪适用于将猫咪的毛发剪薄，通常有V齿牙剪和鱼骨牙剪两种。V齿牙剪一次可剪掉30%左右的毛发，鱼骨牙剪一次可剪掉50%左右的毛发。

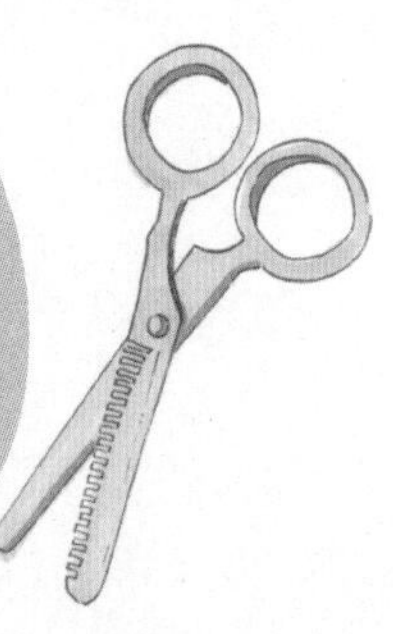

电剪

使用电剪给猫咪剃毛无疑非常方便、快捷，但使用电剪不熟练的主人很可能无法给猫咪修剪出美观的外形。另外有些猫咪还会对电剪的声音产生恐惧。

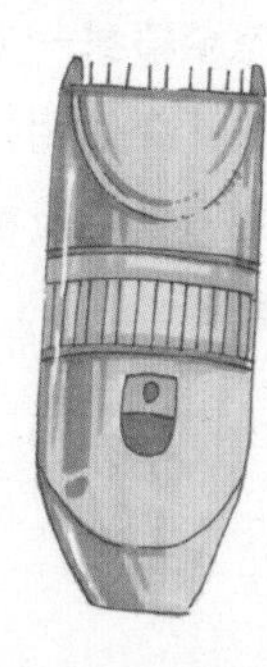

● 剪指甲工具

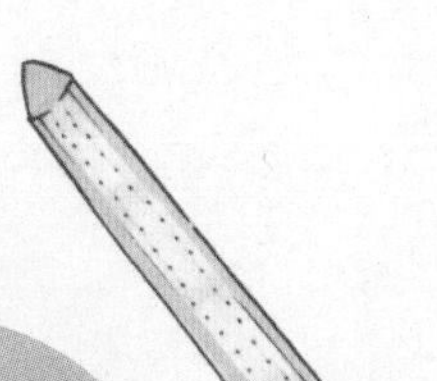

锉刀

锉刀用于对剪完后的指甲进行打磨，将锐利的边角磨圆润，避免猫咪抓伤人或抓坏其他物品。当猫咪指甲不是特别长时，也可以不用剪刀，而用锉刀将其磨短。

止血粉

对于给猫咪修剪指甲的新手，可能会因经验不足出现剪到血线的失误，此时止血粉便派上用场。切记该止血粉为剪指甲专用，不可用于其他伤口止血。

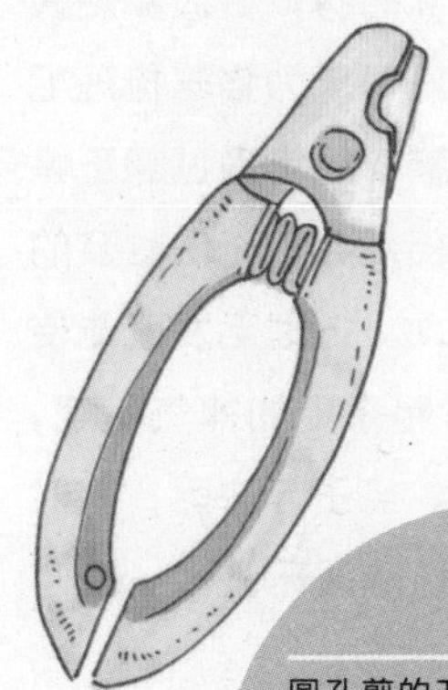

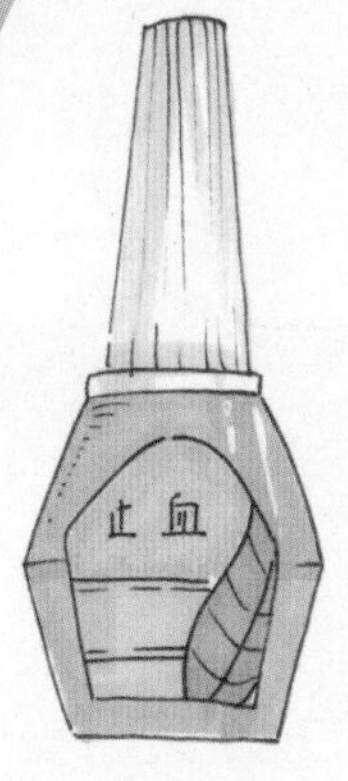

圆孔剪

圆孔剪的刀片上各有一个半月形凹槽，将猫咪的指甲放入凹槽，合拢把手便可用刀片将指甲剪掉。不论哪种剪刀，使用时都需要注意观察猫咪指甲的血线位置，切勿剪到血线。

毛发护理

了解猫咪的毛发特征

猫咪的毛发有表层和底层两类，一类是表层的芒毛，也就是决定毛发颜色的主干毛，大部分猫咪都具有芒毛，也有不长芒毛的猫咪，如斯芬克司猫和柯尼斯卷毛猫等；另一类是底层的护毛和绒毛，护毛又短又硬，绒毛则较为柔软，有的猫咪既有护毛也有绒毛，如美国硬毛猫和德文卷毛猫等；有的猫咪只有芒毛和绒毛，如波斯猫、缅因猫、安哥拉猫等；而英国短毛猫只有芒毛和护毛。

不论是长毛猫还是短毛猫，每天都会不停地掉毛，尤其是在春季和秋季需要换毛的时候掉毛会更多。春天来临，天气变暖，猫咪厚重的、用于保暖的毛发会层层脱落，取而代之的是新长出来的、较薄的毛发；到了秋天，为过冬做准备，猫咪会脱去轻薄的毛发，换上能够帮助身体保暖的厚重毛发，周而复始，年年如此。相比之下，秋季脱落的毛发要比春季脱落的毛发少得多，但为了猫咪的身体健康和主人的家庭环境考虑，主人最好每天为猫咪梳理毛发，尤其是长毛猫。虽然猫咪经常通过舔舐等方式梳理自己的毛发，但仍然会有无法触及的部位，因此需要主人的帮助。梳理毛发既能使毛发光滑柔顺，让猫咪看起来更加神气美观，还能及时将毛发上的污垢、虱子等去除，同时能促进猫咪毛发的生长和血液循环。

长毛猫毛发护理

长毛猫的毛发非常容易打结，甚至猫咪在舔毛的时候会将其吞下，在胃里形成毛球，虽然大部分毛球会被吐出来，但有些也会进入肠道，需要用药才可以排出。因此为了猫咪的健康考虑，应经常为其梳理毛发，最少两天一次，脱毛期的梳理频率要更高，最好不少于一天一次。

2

梳理猫咪后背和体侧的毛发。首先使用圆梳或梳齿间距较大的排梳将打结的毛发理顺，若猫咪处于脱毛期可以直接使用专用的褪毛梳清理浮毛，而后使用梳齿较密的排梳进行细致的梳理。

1

主人可将猫咪放在适合梳毛的地方，或在猫咪脚下放置一块垫子以便于收拾梳理下来的毛发，而后轻轻抚摸猫咪，让它放松下来（对于喜欢梳毛的猫咪可以省略这一步），然后开始梳理猫咪毛发。

3

梳理猫咪腹部和腋下的毛发时，可以让猫咪仰面躺下，很多猫咪不习惯这种姿势，所以动作要轻柔一些，必要时可以先放下梳子，抚摸猫咪使它放松。腹部的毛发一般较短，最好能尽快梳理，选择梳齿面积较大的圆梳会比较方便。需要认真清理的是腋下和臀部的毛发，因为腋下是猫咪无法舔舐到的位置，而臀部则是比较容易堆积污垢的位置。

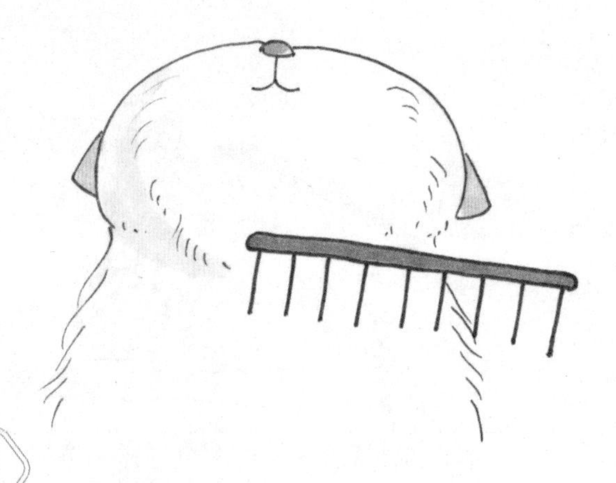

4

梳理猫咪颈部的毛发时需要避免梳到其面部，否则会对猫咪造成伤害或引起它恐慌。选择梳齿较宽的排梳梳理一遍毛发后，再用梳齿较密的排梳或针梳梳理一遍。可以趁梳理颈部毛发时观察猫咪面部，看是否需要清理，必要时可以用柔软的小头牙刷梳理猫咪面部的毛发。

5

对于长毛猫，即便是尾巴的毛发也需要及时进行清理，梳理猫咪尾巴的毛发时最好使用圆梳慢慢梳理，然后使用猫咪专用的美容刷对毛发进行修饰，使毛发更为蓬松，而不是紧贴在身上。这样猫咪看起来就更为美观了。

短毛猫毛发护理

短毛猫相比长毛猫更容易进行毛发的护理。首先它不需要每天梳毛，一般一周梳理一次即可；其次短毛猫的舌头通常比长毛猫的舌头长，能够舔舐到很多较为隐蔽的部位，进行全方位的自我清洁，因此无须过于频繁地护理短毛猫的毛发。

1

梳理毛发前，短毛猫同样需要主人的安抚。处于非脱毛期的短毛猫掉落的毛发较少，主人可以根据情况决定是否将它带到专门的适合梳理毛发的地方或在它脚下铺上垫子进行毛发梳理。

2

短毛猫的毛发很少打结，所以可以直接使用圆梳或密齿排梳进行梳理，从头顶开始一段一段地向后梳理背部毛发，然后自上向下慢慢梳理猫咪身体两侧的毛发。

3

对于短毛猫腹部的毛发，可以使用刷毛手套来梳理。一边与猫咪逗趣，一边完成梳理工作，既能缓解猫咪因仰躺姿势带来的不安，又能梳理猫咪的毛发，还能增进与猫咪的感情，一举多得。

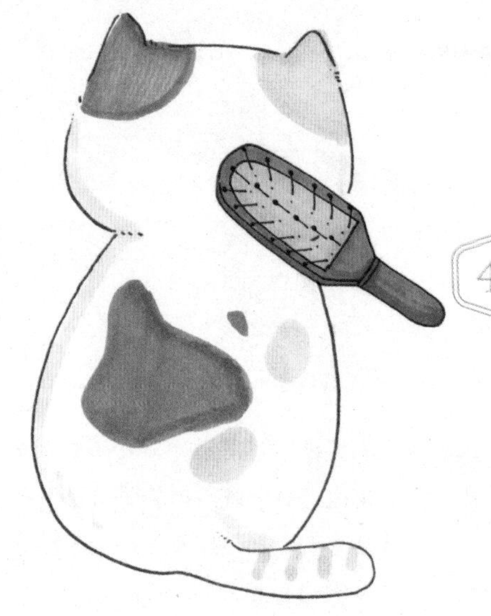

4

最后可以使用亮毛梳将猫咪的毛发再整体梳理一遍，使其显出健康、闪亮的光泽。在不需要梳理毛发的日子里，用手顺着猫咪毛发的方向抚摸猫咪和给猫咪按摩，也可以使短毛猫的毛发更有光泽，但要注意抚摸猫咪前应清洁手部，避免将细菌带给猫咪。

让猫咪爱上洗澡

1 在给猫咪洗澡之前，最好先给猫咪剪一下指甲，避免被它抓伤，再将它的毛发理顺，因为打结的毛发打湿后会较难梳开。当然，洗澡时清理眼周和耳朵也是很有必要的。

2 在洗澡盆中注入5~10厘米高的温水，水温应尽可能是摄氏38~39度，也就是猫咪通常的体温值，这样可以避免过高或过低的水温引起猫咪不适。而后将猫咪放入盆中，可在盆中铺一块防滑垫来防止猫咪打滑。

3

一只手轻柔地固定住猫咪，防止它扭动或逃跑，另一只手拿淋浴器或大水杯，贴近猫咪的身体将它全身的毛发淋湿。如果淋水的距离较远猫咪会被水流的冲击力吓到，并且水温也不易控制，因此不建议使用这种方式。另外要注意切勿将水淋到猫咪面部。

4

用海绵块进行初步的清洗，不断在猫咪身体表面按压海绵块，使水更深层地渗透到毛发里。

5

将猫咪专用沐浴露挤到海绵块或猫咪背上，搓揉出泡沫并确认猫咪全身所有部位的毛发都被泡沫所包裹，尤其是腋下等不易清理的部位。用海绵块从前向后逐一清洗猫咪背部和身体两侧。

6

在洗澡盆中不能将猫咪翻转使其腹部朝上，而是需要用手对猫咪腹部进行温柔而仔细的清洗，并逐个抬起猫咪的四肢，对它的小爪子和肉垫进行清洗。

7

清洗完身体后应对猫咪头部进行细致的清洗。可以先清洗它的嘴巴和下巴，因为吃东西，嘴部可能会有食物残渣，这些食物残渣很可能已经与毛发结成一团硬物，需要主人耐心地用温水将其软化后一点点去除。

8

使用沐浴露清理完毕后，要将沐浴露冲洗干净，如同刚开始洗澡一样，使用淋浴器或大水杯来进行清洗。可以提前多准备一个洗澡盆，也放入温度适宜的水，在第一个洗澡盆充满泡沫无法将猫咪身上的沐浴露清洗干净的情况下，便可以使用第二个洗澡盆进行清洗。

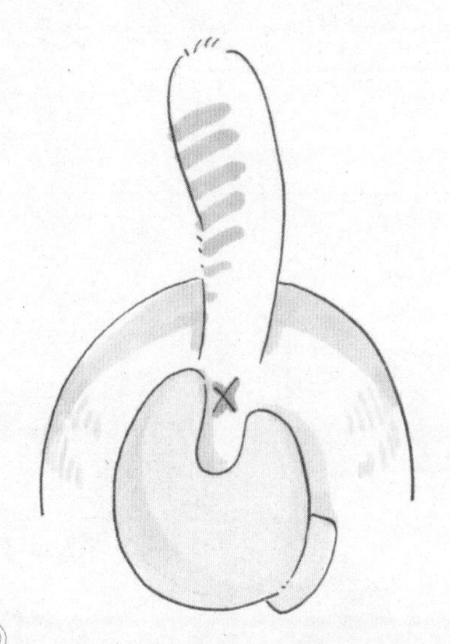

9

最后清理猫咪的肛门腺。肛门腺位于猫咪肛门两侧，里面的分泌物长期积蓄不但会发出恶臭的气味，还会使肛门腺产生破裂的危险。通过挤压可以帮助猫咪排出分泌物，但手法必须专业，因此建议向猫咪美容师或专业宠物医生咨询并学习后进行。

10

给猫咪洗澡前应将浴巾或大毛巾置于伸手可及之处，清洗完毕就迅速将猫咪裹住并擦去其毛发上多余的水分，擦拭毛发时注意不要将猫咪的面部蒙住，否则可能会惊吓到它。洗澡的全过程都要在温暖的地方进行，注意将屋内门窗关好，避免室外的冷空气进入室内。

掌握正确的吹毛方法

1

使用吹风机之前要先用毛巾尽可能地将猫咪身上的水分擦干，否则吹风时过多水分蒸发会带走大量热量，可能会导致猫咪体温急剧下降而生病。

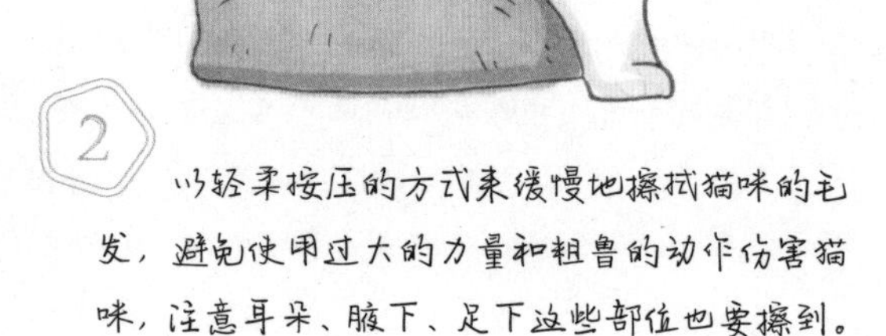

2

以轻柔按压的方式来缓慢地擦拭猫咪的毛发，避免使用过大的力量和粗鲁的动作伤害猫咪，注意耳朵、腋下、足下这些部位也要擦到。

3

使用吹风机将猫咪毛发吹干。吹风机吹出的风的温度和风力均要适宜，可从猫咪的臀部向领部方向吹，使毛发更为蓬松，避免出风口过于贴近猫咪的身体。可以一边吹风一边梳理猫咪毛发，也可以等完全吹干猫咪毛发之后再进行梳理。

为猫咪刷牙

定期为猫咪刷牙是预防牙结石及其他口腔疾病的最佳方法。有的主人为了省事，会等猫咪牙结石严重时直接去医院清洗，但过多的牙垢会给医院除垢带来麻烦，也容易对猫咪牙齿产生伤害，还可能缩短牙结石的产生周期，因此每隔两三天为猫咪刷牙才是最有效的预防牙结石的方式。

用牙刷刷牙

1 准备好猫咪的专用牙刷，将适量牙膏挤在牙刷上。一只手固定住猫咪的头部并使其面部上仰，用手指翻开猫咪的嘴唇使其露出要刷的牙齿，依次上下来回刷每颗牙齿。

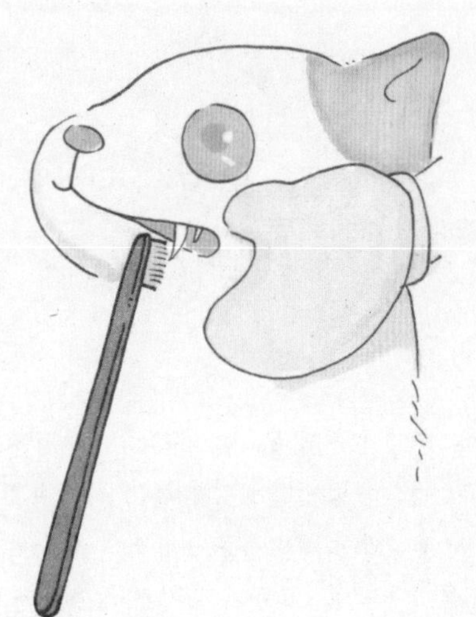

2 对于猫咪尖尖的犬牙和后侧的臼齿一定要认真地刷，因为这些牙齿部位最容易导致牙周病，刷牙时不仅要刷外露的牙齿，还要刷牙根。

用洁牙布刷牙

对于非常抗拒使用牙刷的猫咪或刚开始适应刷牙和正在培养刷牙习惯的猫咪，可以使用洁牙布来清洁牙齿。对一些刷牙手法不太熟练，害怕使用牙刷弄疼猫咪的主人来说，洁牙布也是一个很好的选择。

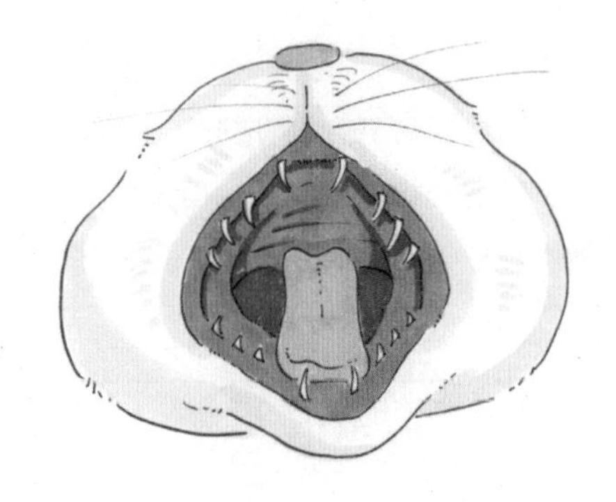

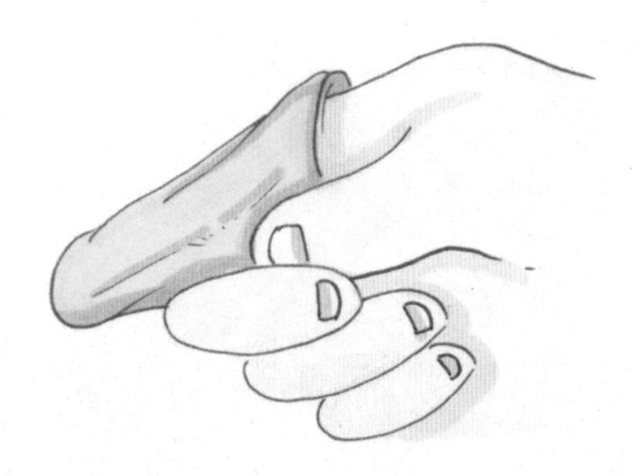

1

洁牙布有普通的方形的，也有做成指套形状的。刷牙时，首先要将洁牙布沾湿并涂抹上牙膏，而后将它裹在手指上（多余的部分牢牢攥在手心）。使用指套形状的洁牙布则可以直接将其套在手指上，指套形状的洁牙布使用起来比方形的洁牙布更为方便。

2

使用洁牙布，主人只需将猫咪头部控制住，无须特意翻开它的嘴唇就能用手指伸进猫咪嘴巴刷牙了。注意每一颗牙齿都要刷到。

为猫咪剪指甲

猫咪的指甲会不断从内侧生长出来，外侧的指甲则会通过摩擦而不断脱落。猫咪会经常在家具、地毯等物品上磨指甲。对于野生猫咪来说，尖尖的指甲是它们保护自己、攻击敌人、爬树翻墙时必不可少的利器，但对于家养猫咪的主人来说，猫咪有尖尖的指甲则可能意味着物品损毁、被抓伤，因此必须定期给猫咪剪指甲。不同猫咪的指甲生长周期不一样，而且猫咪前爪和后爪的指甲生长周期也不一样，认真观察猫咪的指甲，记录下特定剪指甲的时间，这样就能方便了解猫咪指甲的生长周期。

1

几乎所有猫咪都讨厌剪指甲，所以在给猫咪剪指甲时应尽可能地选择让猫咪舒适的姿势，或者趁猫咪熟睡的时候快速地进行。一只手握住猫咪的爪子并按压肉垫，可以使猫咪的指甲全部露出来。

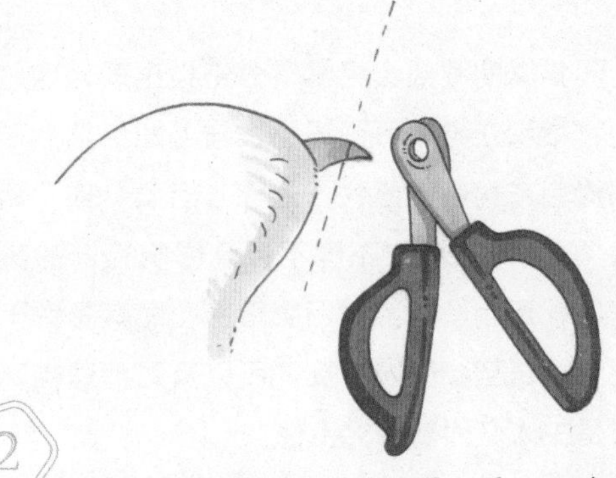

2

看清楚指甲里血线的位置，千万不能剪到这里，剪掉外侧尖尖的指甲即可，在明亮的灯光下或使用带有照明功能的剪指甲工具可以帮助主人快速而准确地找到血线。

3

剪完指甲的尖角后用锉刀将指甲边缘打磨光滑、圆润。使用锉刀时也要注意切勿打磨到露出血线。

猫咪眼部的清洁

猫咪的眼部会经常有分泌物出现，这些分泌物堆积在猫咪眼睛周围，与毛发纠结后形成红褐色或褐色的脏物，俗称“泪痕”或“泪疙瘩”。若对其置之不理不但会影响猫咪的美观程度，还会造成猫咪泪腺堵塞，尤其是对于长毛猫，甚至会引发炎症。所以及时清理猫咪眼部是主人必须履行的责任。

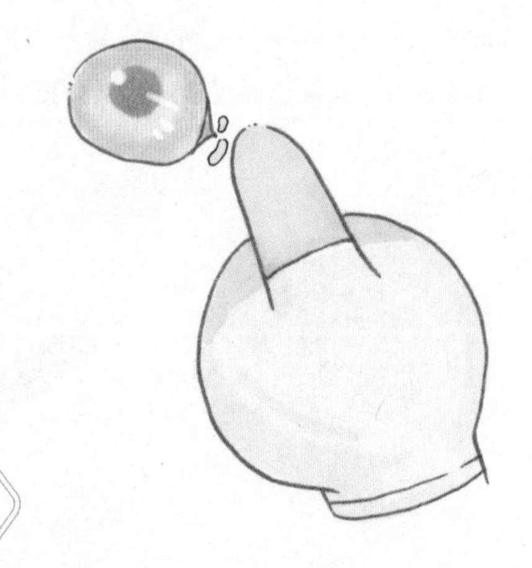

1

将棉球或纱布用温水浸湿。一只手固定住猫咪的头部，另一只手用棉球或纱布轻柔地擦拭猫咪眼睛周围。如果已经结成“泪疙瘩”，可多沾水使其软化后擦除，切勿用蛮力拉扯弄疼猫咪。

2

擦掉眼周的污垢之后，如果沾水过多，可以用干燥的棉球或纱布将多余的水分吸去。另外要注意，不能轻易给猫咪使用眼药水等药品，如果猫咪眼部分泌物过多也是不正常的，需及时就医。

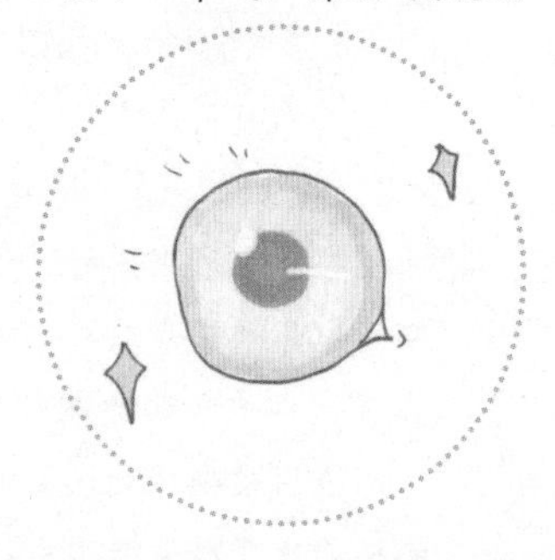

猫咪耳朵的清理

猫咪的耳朵一般不需要过多清理，猫咪平时通过甩头便可将污垢和水分清理出去，但有些不易清除的污垢仍需要主人的帮忙，一般两周检查、清理一次即可。在给猫咪洗完澡后也一定要将其耳朵擦干，避免水分进入内耳道引起炎症。平常可以通过猫咪的举动来观察其耳朵是否健康，如果它不停地摇头、抓挠耳朵或者外耳出现暗色、浓稠的分泌物，则可能是有耳螨或感染了细菌等，需要及时就医。

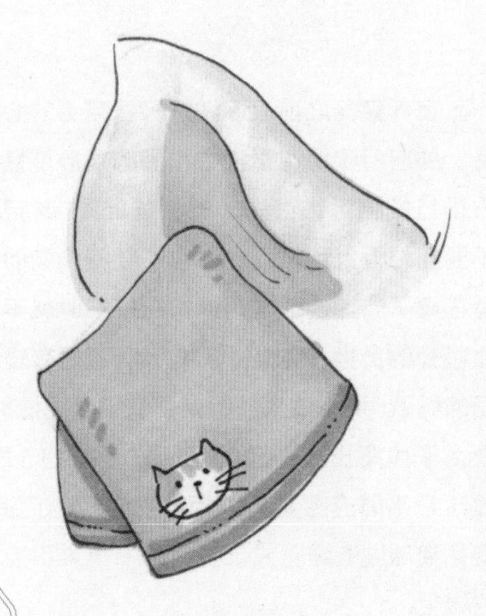

2

清理完毕后放开猫咪，让它自己甩掉残留的洗耳液。主人只需清洁猫咪的外耳部分，切勿将棉棒、手指或其他东西伸入猫咪耳道进行清理，如果发现猫咪有红褐色的耳垢或黑色腊质瘢痕，则需及时就医。

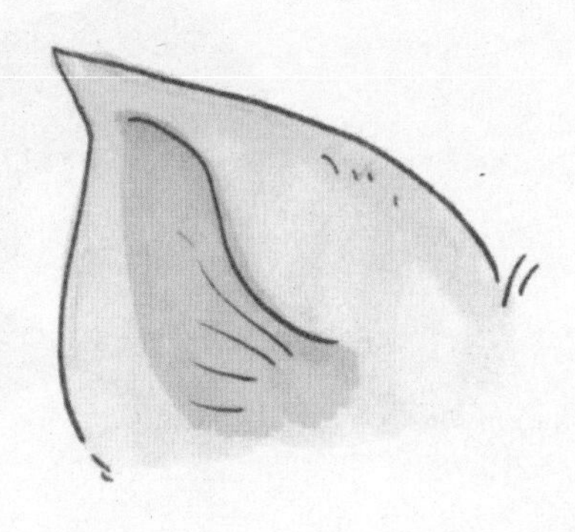

1

一只手捏住猫咪的耳朵并略微向外翻展，观察外耳是否有污垢，另一只手拿棉球或纱布蘸取少量洗耳液，轻柔地将污垢擦去，将洗耳液滴入内耳按摩。

怎样处理掉落的猫毛

对室内进行彻底打扫

在养猫咪之前应该做好打扫猫毛的心理准备，并应相应地调整家中物品的摆放位置，以方便打扫猫毛。首先，家中应尽量保持整洁，不要在地板上乱堆乱放，也不要将杂物随意放置在桌子或其他地方，这样在打扫时就不会产生额外的负担；其次，家中尽量不要有难以打扫的缝隙，要么紧密放置家具使猫毛无法掉入，要么干脆留出大一些的空间方便打扫；最后，要注意平时应尽量将衣柜、置物柜的门关好，避免猫咪进去睡觉或玩耍而留下一堆不易打扫的猫毛。

经常给猫咪梳毛也是减少室内猫毛的好办法，选择在指定位置梳毛，可以使脱落的猫毛容易被清理掉，避免猫毛飞得到处都是。即便如此，想要保持居室整洁，也要至少每天都打扫一次。打扫时选择吸尘器或带手柄的除尘掸作为工具，能更有效率，也不会让自己过于劳累。首先使用除尘掸将沙发、桌椅、柜子等家具上的猫毛清扫下来；接着用扫把将夹缝、床底等吸尘器无法清理的地方清扫一遍；最后用吸尘器将地面的猫毛全部清理干净。

千万不能因为怕麻烦就不去打扫或敷衍地打扫，因为这样猫毛上附着的污垢、细菌等会充满室内，最后不但可能造成环境污染，还可能使猫咪和主人都出现病症。

使用粘毛滚筒

粘毛滚筒对于沙发、地毯、床铺、衣服的清理是非常有用的。看电视时可以随手拿粘毛滚筒在沙发上或地毯上滚一滚，就能把掉在上面的猫毛粘走；睡觉前在床铺上滚一滚，能使床铺更加干净，从而能更加安心；尤其是在出门前发现衣服上沾有猫毛时，只需用粘毛滚筒来回滚一滚就能使衣服恢复干净整洁。

粘毛滚筒分为长柄粘毛滚筒和短柄粘毛滚筒，长柄粘毛滚筒适合清理地毯、沙发和床铺等大面积的物品，短柄粘毛滚筒则适合清理衣服等小面积且形状不规则的物品。粘毛滚筒一般为撕拉式的，用完一片即可撕掉，属于消耗品；也有清洗式的，可以重复使用，但粘毛效果不是特别理想，清洗起来较为麻烦。

猫咪的解暑与御寒

猫咪的解暑对策

在夏天，不只是人觉得热，猫咪也会觉得热。而且在气温高的时候，即使房间里没有被阳光直射，也仍然会很闷热。所以，并不是只要避免阳光直射猫咪就不怕热了，这时我们就需要用下面几个方法帮助猫咪解暑了。

● 修剪被毛

在天气炎热的夏季，如果被毛浓密可以适当地进行修剪，以帮助猫咪散热，但是不能剪得太短，因为猫咪的被毛可以起到保护猫咪皮肤的作用。被毛修剪得太短会使猫咪更容易晒伤，或患上毛囊损伤等疾病。

● 制造良好的通风环境

虽然开空调是较佳的降热方法，但并不特别环保，而且猫咪对空调风可能会有所抵触。家中可以时常打开门窗进行通风或使用电风扇，也可以达到降热的效果。

● 准备清凉的消暑用品

可以在购物平台或宠物商店购买宠物专用的冰垫，让猫咪趴上去更凉爽。

● 充足的清水

在高温天气一定要保证猫咪能补充到充足的水分，避免猫咪出现脱水等症状。另外，可以在水中加少许的冰块，这会让猫咪更加喜欢喝水。

● 保持室温的平衡

不要让猫咪频繁地在凉爽的室内和炎热的室外出入，较大的温差会让猫咪更容易中暑。

猫咪的御寒对策

冬季气温低，阳光少，有的猫咪非常怕冷，运动量亦会减少，而帮助猫咪御寒就是主人的重要任务了。下面就为大家介绍帮助猫咪御寒的方法。

● 给猫咪保暖的小方法

①猫咪在冬天通常会主动亲近主人或家中的其他猫狗同伴进行取暖。

②北方的猫咪多会依靠暖气来取暖，而南方的猫咪则多会依靠主人家中的“小太阳”等发热器来取暖，注意使用发热类设备取暖时不要让猫咪太过靠近，以免猫咪毛发被烤焦或猫咪被烫伤。

● 居家方面

①衣服。如果是短毛猫，可为猫咪穿上保暖衣物。给猫咪挑选衣物时可选择棉质衣物。

②猫窝。在猫窝中放置几层柔软的毛毯，以便更好地保暖。

● 饮食方面

①冬天，猫咪的饮水量会下降很多，为了保证猫咪能摄入日常所需水分，主人可以将其饮用水的温度升高一些，最佳温度为摄氏 27~29 度。

②不要直接给猫咪喂食刚从冰箱内拿出来的罐头等食物，需要放置到常温后才可喂食，避免引起猫咪肠胃不适。

● 护理方面

猫咪的被毛在冬天会变得厚重，脱毛的现象较夏天更少一些，只需定期晒晒太阳和不时地梳理即可。

猫咪的基本健康问题

疫苗接种

● 猫咪为什么要打疫苗

小猫出生时，自身免疫力低下，需要依靠猫妈妈的乳汁才能抵挡病毒，待小猫断奶后，通常需要通过接种疫苗来增强自身免疫力。接种疫苗主要是为了抵抗猫杯状病毒、猫疱疹病毒和猫细小病毒 3 种常见的病毒。

现在国内市面上常见的疫苗是进口猫三联。建议先为猫咪打猫三联疫苗，然后接种狂犬疫苗，这样会更为保险。

疫苗中的抗原都是经过灭活处理过的，制成疫苗注入猫咪体内会使猫咪形成抗体，几乎可用于所有品种的猫咪，且不会对猫咪身体产生伤害。

一般情况下猫三联疫苗是接种 3 针，每针的间隔时间为 21 天。打完最后一针的 7 天后，可接种狂犬疫苗（如果猫咪身体状况很好，可以最后一针与狂犬疫苗一同接种）。之后是每满 1 年就去宠物医院接种加强疫苗。

关于绝育

绝育可以使猫咪更健康，而不绝育的猫咪会不断发情，给主人和猫咪本身都会带来巨大的痛苦。绝育是猫咪一生的大事，那么猫咪绝育前和绝育后都有哪些注意事项呢?

为什么做绝育

①可以减少疾病发生。

及时为公猫绝育可以避免其发生喷尿发泄、离家出走，还可避免睾丸肿瘤、前列腺肥大等问题。

对母猫来说，频繁发情会让其卵巢功能受到影响，严重时甚至会患病。

②绝育后可以有效杜绝猫咪情绪波动大的问题，更容易使猫咪保持活泼、欢乐的性格。

③绝育的猫咪的部分发病率明显低于没有绝育的猫咪。

④可以减少流浪猫的数量。

绝育时间

猫咪的性成熟期通常是 6 个月。主人应避免在发情期为猫咪绝育，以免出现大出血等症状。

绝育后会有什么变化

①绝育后的猫咪性情会变得温和、活泼，一般不会出现发情期的狂躁情绪和嚎叫现象。

②绝育后的猫咪食量会变大，且可能会出现发胖的迹象，所以要注意控制猫咪的饮食。

绝育手术的时长，住院与否

一般情况下，为公猫做绝育手术的时间为 15~30 分钟；而母猫因为要开刀口，所以耗时会比公猫的久，一般为 45~60 分钟。手术后需要观察猫咪的精神状况，若恢复良好则可接回家疗养，若是发生伤口感染或猫咪麻醉后恢复不佳则需要住院治疗。